AF329655

DEUXIÈME EXPÉDITION
ANTARCTIQUE FRANÇAISE

(1908-1910)

COMMANDÉE PAR LE

Dr JEAN CHARCOT

CET OUVRAGE A ÉTÉ IMPRIMÉ GRACE A UNE SUBVENTION DE L'ACADÉMIE DES SCIENCES
SUR LE FONDS LOUTREUIL

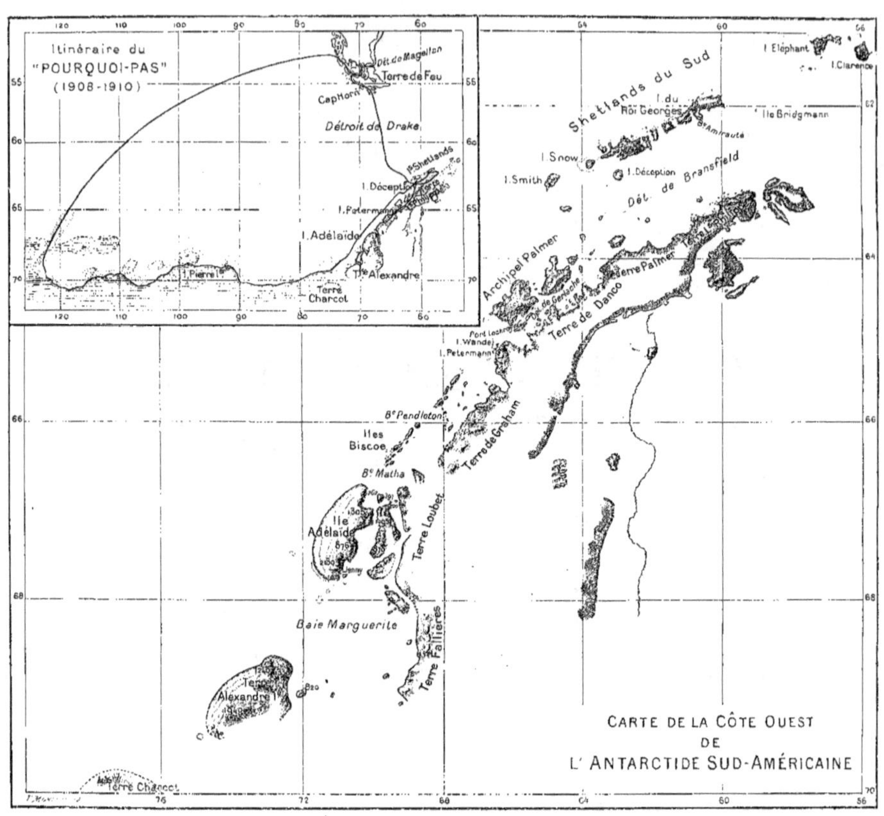

CARTE DES RÉGIONS PARCOURUES ET RELEVÉES PAR L'EXPÉDITION

MEMBRES DE L'ÉTAT-MAJOR DU " POURQUOI PAS ? "

J.-B. CHARCOT

M. BONGRAIN . . . . Hydrographie, Sismographie, Gravitation terrestre, Observations astronomiques.
L. GAIN . . . . Zoologie (*Spongiaires, Échinodermes, Arthropodes, Oiseaux et leurs parasites*), Plankton, Botanique.
R.-E. GODFROY . . . . Marées, Topographie côtière, Chimie de l'air.
E. GOURDON, ... Géologie, Glaciologie.
J. LIOUVILLE . . . . Médecine, Zoologie (*Pinnipèdes, Cétacés, Poissons, Mollusques, Cœlentérés, Vermidiens Vers, Protozoaires, Anatomie comparée, Parasitologie*).
J. ROUCH . . . . Météorologie, Océanographie physique, Électricité atmosphérique.
A. SENOUQUE . . . . Magnétisme terrestre, Actinométrie, Photographie scientifique.

OUVRAGE PUBLIÉ SOUS LES AUSPICES DU MINISTÈRE DE L'INSTRUCTION PUBLIQUE

SOUS LA DIRECTION DE L. JOUBIN, Professeur au Muséum d'Histoire Naturelle

DEUXIÈME EXPÉDITION ANTARCTIQUE FRANÇAISE

(1908-1910)

COMMANDÉE PAR LE

Dʳ JEAN CHARCOT

SCIENCES NATURELLES : DOCUMENTS SCIENTIFIQUES

BOTANIQUE

DIATOMÉES D'EAU DOUCE ET DIATOMÉES D'EAU SALÉE

PAR

le Commandant MAURICE PERAGALLO 

Ancien élève de l'École Polytechnique

Lauréat de l'Institut *(Académie des Sciences)*

MASSON ET Cⁱᵉ, ÉDITEURS

120, Bᵈ SAINT-GERMAIN, PARIS (VIᵉ)

1921

LISTE DES COLLABORATEURS

—

MM. TROUESSART............. *Mammifères.*
* ANTHONY et GAIN....... *Documents embryogéniques.*
* LIOUVILLE............. *Cétacés (Balcinoptères, Ziphiidés, Delphinidés).*
* GAIN................. *Oiseaux.*
* ROULE............... *Poissons.*
* SLUITER............. *Tuniciers.*
* JOUBIN.............. *Céphalopodes, Brachiopodes, Némertiens.*
* LAMY............... *Gastropodes et Pélécypodes.*
* VAYSSIÈRE........... *Nudibranches.*
* KEILIN.............. *Diptères.*
* IVANOF.............. *Collemboles.*
* TROUESSART.......... *Acariens.*
* NEUMANN............. *Pédiculines, Mallophages, Ixodides.*
* BOUVIER............. *Pycnogonides.*
* COUTIÈRE .... *Crustacés, Schizopodes et Décapodes.*
* Mlle RICHARDSON............ *Isopodes.*
* MM. CALMAN............. *Cumacés.*
* DE DADAY .... *Entomostracés.*
* CHEVREUX .... *Amphipodes.*
CÉPÈDE............... *Copépodes.*
* QUIDOR .... *Copépodes parasites.*
CALVET.............. *Bryozoaires.*
* GRAVIER............ *Polychètes, Alcyonaires et Ptérobranches.*
HÉRUBEL............ *Géphyriens.*
* GERMAIN .... *Chétognathes.*
RAILLIET et HENRY...... *Helminthes parasites.*
* HALLEZ............. *Polyclades et Triclades maricoles.*
* KŒHLER............ *Stellérides, Ophiures et Échinides.*
* VANEY.............. *Holothuries.*
PAX................. *Actiniaires.*
* BILLARD .... *Hydroïdes.*
* TOPSENT............ *Spongiaires.*
* PENARD............. *Rhizopodes.*
* FAURÉ-FRÉMIET........ *Foraminifères.*
* CARDOT............. *Mousses.*
* Mme LEMOINE.............. *Algues calcaires.*
* MM. GAIN............. *Algues.*
* MANGIN............. *Phytoplancton.*
* PERAGALLO........... *Diatomées.*
* HUE................ *Lichens.*
* GOURDON............. *Géographie physique, Glaciologie, Pétrographie.*
* BONGRAIN............ *Hydrographie, Cartes, Chronométrie.*
* GODFROY .... *Marées.*
* MUNTZ.............. *Recherches sur l'atmosphère.*
* ROUCH.............. *Météorologie, Océanographie physique.*
SENOUQUE............ *Magnétisme terrestre, Actinométrie.*
J.-B. CHARCOT.......... *Journal de l'Expédition.*

Les travaux marqués d'un astérisque sont déjà publiés.

 DIATOMÉES D'EAU DOUCE

En janvier 1843, J. D. Hooker, médecin de l'Expédition sous les ordres du capitaine Sir J. C. Ross, recueillait à l'île Cockburn (64° 12′ lat. S. ; 59° 41′ long O. G.) un échantillon de terre, qui, analysé par Ehrenberg, lui a donné la première liste de Diatomées d'eau douce de ces régions.

Étant donnée la nature de cette récolte, elle ne devait donner qu'un résultat bien insignifiant; la liste d'Ehrenberg (*Mikrogeologie*, p. 2, t. XXXV, A. 1.) ne comporte en effet que huit espèces de Diatomées qui sont :

D'APRÈS LE TEXTE.	D'APRÈS LA PLANCHE.	ET QUI PEUVENT ÊTRE ASSIMILÉES A :
Amphora gracilis.	"	*Amphora ovalis* var. *gracilis.*
Eunotia amphioxys.	*Eunotia amphioxys.*	*Hantzschia amphioxys.*
Pinnularia borealis.	*Pinnularia borealis.*	*Navicula borealis.*
— *peregrina.*	"	— *peregrina.*
Rhaphoneis scutellum.	*Rhaphoneis scutellum.*	*Cocconeis costata* var. *pacifica.*
Stauroneis Semen.	*Stauroneis Semen.*	*Achnanthes inflata.*
Stauroptera capitata.	*Pinnularia capitata.*	*Navicula hungarica* var. *capitata.*
Surirella fastuosa?	*Surirella splendida?*	*Cocconeis costata* var. *Imperatrix.*

Les régions les plus voisines, plus au nord, et par conséquent plus accessibles, les îles Kerguelen, ont donné à Ehrenberg (*Mikrogeologie*, p. 262, t. XXXV, A. 11) 36 espèces ; les îles Falkland (*ibid.*, p. 262) lui ont donné 63 espèces ; les parages du cap Horn (île Hermite, Terre de Feu) (*Mikrogeologie*, p. 287-289), 33 espèces. La mission de la *Romanche* au cap Horn a donné à P. Petit 37 espèces. En 1900, T. P. Cleve a publié une liste de 62 espèces provenant des récoltes de l' « Expédition suédoise au détroit de Magellan » sous les ordres de Nordenskiold.

Enfin, O. Müller a donné en 1909 le résultat de son examen des matériaux de la même provenance où il énumère plus de 240 espèces ou variétés.

Les voyages postérieurs (*Valdivia, Belgica,* première expédition antarctique française) n'ont pas rapporté de récoltes d'eau douce.

Les quelques récoltes de la deuxième expédition antarctique française sont peu nombreuses, en fort petite quantité et n'ont pas été faites spécialement en vue des Diatomées ; ce ne sont guère que des résidus, de sorte que leur traitement n'a pu être effectué dans des conditions satisfaisantes ; mais, si les préparations qui en ont été faites ne sont pas exemptes de matières étrangères, elles ont permis néanmoins d'établir un premier élément de flore de la région antarctique, qui paraît assez sensiblement différente de celle des régions septentrionales les plus rapprochées, telles que la Terre de Feu et la Patagonie.

En effet, sur les 76 espèces observées, on n'en trouve que 19 figurant sur la liste d'O. Müller qui en contient 244, et 6 seulement de la liste de Cleve, qui, d'autre part, n'a que 21 espèces sur 62 communes avec la liste d'O. Müller. Trois seulement des espèces observées se retrouvent sur la liste de P. Petit.

La comparaison avec les listes données par Ehrenberg ne serait probablement pas plus concluante et le travail de synonymie à effectuer, vu l'indécision qu'il comporte, serait tout à fait hors de proportion avec l'intérêt que l'on peut avoir à faire la comparaison.

Cependant, la comparaison est fort intéressante avec la récolte de l'île Cockburn ; de cette récolte, qui contient huit espèces, deux au moins, parmi les espèces d'eau douce, sont présentes sur notre liste : le *Navicula borealis* et l'*Hantzschia amphioxys*. Les dessins d'Ehrenberg du *Stauroneis Semen* et du *Stauroptera capitata* peuvent au besoin (malgré la synonymie adoptée) être rapportés à l'*Achnanthes muscorum* et au *Navicula muticopsis* var. *capitata* ; quant au *Rhaphoneis Scutellam* et au *Surirella fastuosa?* (*splendida?*), ils sont certainement, d'après les dessins mêmes d'Ehrenberg, des variétés du *Cocconeis costata*, espèce marine qui d'ailleurs se retrouve, également, fréquemment dans nos récoltes d'eau douce. Deux espèces (sur huit) seulement n'ont pas été retrouvées : l'*Amphora gracilis* d'eau douce et le *Navicula peregrina* d'eau salée.

Les matériaux d'eau douce mis à ma disposition pour l'étude des Diatomées sont les suivants :

Nº 5. — *Détritus provenant du triage des mousses.* Ile Booth-Wandel ; 30 décembre 1908. Long. W. P. 66º 21′ 38″ ; lat. S. 65º 03′ 45″.

Nº 10. — *Détritus provenant du triage des mousses.* Cap Tuxen (Terre de Graham) ; 8 janvier 1909 Long. W. P. 66º 30′ ; lat. S. 65º 15′.

Nº 12. — *Détritus provenant du triage des mousses.* Ile Léonie (baie Marguerite) ; 15 janvier 1909. Long. W. P. 70º 44′ ; lat. S. 67º 36′.

Nº 19. — *Détritus provenant du triage des mousses.* Ile Petermann ; 14 mars 1909. Long. W. P. 66º 32′ 30″ ; latitude S. 65º 10′ 34″.

Nº 561. — *Neige verte. En quantité sur les parties humides de la neige où la fonte est assez rapide.* Port-Lockroy, île de Wiencke ; 27 décembre 1908. Long. W. P. 65º 19′ 18″ ; lat. S. 64º 49′ 33″.

Nº 567. — *Sur les rochers où coulent les petits ruisseaux formés par l'eau provenant de la fonte des neiges. Altitude 125 mètres.* Diatomées parmi les filaments du *Conferva glacialis*. Ile Jenny ; 30 janvier 1909.

Nº 569. — *Provenant d'un lavage de mousses recueillies en des lieux humides par 100 mètres d'altitude.* Ile Jenny ; 15 janvier 1909.

No 576. — *Neige verte. Sur les falaises de glace de la baie de la Salpetraire.* Ile Booth-Wandel ; 22 février 1909.

No 578. — *Neige rouge. A la surface de la neige, entre 10 et 20 mètres d'altitude.* Ile Petermann ; mars 1909.

No 791. — *Détritus provenant du triage des mousses.* Ile Petermann ; février 1909.

No 792. — *Provenant d'un lavage de mousses recueillies en des lieux humides par 100 mètres d'altitude.* Ile Jenny ; 30 janvier 1909.

Je classerai ces récoltes en deux catégories :

1º Diatomées terrestres comprenant :

    a. Diatomées des mousses ;

    b. Diatomées des neiges.

2º Diatomées d'eau douce proprement dites.

La caractéristique de toutes ces récoltes est la présence, simultanément avec les espèces d'eau douce, d'une proportion, parfois assez forte, d'espèces d'eau salée.

La présence de ces espèces ne peut guère s'expliquer que par la fréquentation habituelle, sur les lieux où ont été prélevées les récoltes, d'une nombreuse population d'animaux ou de volatiles amphibies qui, vivant dans la mer, rapportent sur les rivages, soit sur leurs corps soit avec leurs aliments, ou déposent par leurs déjections ces espèces d'eau salée. Ce qui confirmerait cette hypothèse, c'est que les récoltes nos 569 et 792 de l'île Jenny, faites à 100 mètres d'altitude, ne contiennent qu'une faible proportion d'espèces d'eau salée.

D'après les récoltes de la première expédition, il a été constaté que les cormorans, en particulier, construisent leurs nids avec des algues marines couvertes de Diatomées, naturellement marines, qui doivent forcément être détachées de leur support d'une manière quelconque et se retrouver sur les mousses, les neiges ou dans les eaux courantes.

Peut-être que quelques-unes de ces espèces peuvent végéter plus ou moins longtemps ou même vivre dans ces milieux, grâce à l'apport constant d'une certaine quantité d'eau salée par les moyens indiqués plus haut, mais l'état de conservation des récoltes n'a pas permis de pouvoir le constater.

Les espèces d'eau salée, assez nombreuses dans certaines récoltes de la première catégorie, le sont naturellement beaucoup moins dans celles de la seconde.

1' — *DIATOMÉES TERRESTRES*

a. — *DIATOMÉES DES MOUSSES*

Appartiennent à cette catégorie les récoltes nos 5, 10, 12, 19, 569, 791, 792.

Récolte Nº 5. — **Détritus provenant du triage des mousses.** Ile Booth-Wandel ; 30 décembre 1908.

Diatomées nombreuses avec beaucoup de sable. L'espèce la plus fréquente, qui constitue pour ainsi dire toute la récolte, est le *Navicula borealis* ; les autres espèces sont en petit nombre ou même à l'état isolé. On trouve aussi quelques espèces d'origine marine, en général fragmentées quand elles sont de grande taille.

Les espèces observées sont les suivantes :

Achnanthes antarctica n. spec.
    — — *muscorum* n. spec.
Cymatopleura solea W. Smith.
Cymbella cistula Kirch.
    — *lanceolata* Kirch.
Epithemia sorex Kütz.
    — — *turgida* Kütz.
    — *zebra* Kütz.
    — — fa *minor* V. Heurck.
Eunotia tridentula Ehb. var. *ventricosa* n. var.
Gomphonema constrictum Ehb.
Hantzschia amphioxys Grun. var *brasiliensis* Grun. fa *minor.*

Hantzschia amphioxys Grun. var. *uticensis* Grun.
    — — (*amphioscys* var?) *antarctica* n. sp.
Melosira Dickiei Ktz.
Navicula borealis Ktz C. C.
    — *Charcotii* (Caloneis) n. sp.
    — *intermedia* Lag. C.
    — — var. *antarctica* n. var.
    — *lata* Ktz.
    — *muralis* Grun.
    — *mutica* Ktz. var. *capitulata* n. var.
Rhoikoneis interrupta n. sp.
Rhopalodia gibba O. Müll.
    — — *ventricosa* O. Müll.

ESPÈCES D'EAU SALÉE.

Campylodiscus Thuretii Breb.
Cocconeis costata Greg.
    — *Imperatrix* A. Sch.
Grammatophora oceanica Ehb. var. *macilenta* Grun.
Mastogloia minuta Grun.

Melosira Sol Ktz.
    — — — var. *Belgica* n⁰ 100 Van Heurck.
Podosira Montagnei Ktz. fa *minor* Van Heurck.
Synedra Baculus Greg.
Trachyneis Aspera Cleve var. *minuta* Per.

RÉCOLTE Nº 10. — **Détritus provenant du triage des mousses.** Cap Tuxen (Terre de Graham) ; 8 janvier 1909.

Dans cette récolte, les espèces sont plus variées que dans la précédente ; les espèces les plus abondantes sont : *Navicula borealis*, *Nav. lata*, *Nav. minima* et *Nav. muralis* ; de même que dans la récolte précédente, on rencontre quelques espèces d'eau salée.

Achnanthes antarctica n. sp.
    — *Charcotii* n. sp.
    — — *muscorum* n. sp.
    — — var. *minor* n. var.
Cyclotella Meneghiniana Ktz. var. *plana* Fricke.
Cymbella cistula Kirch.
Epithemia zebra Ktz.
Eunotia lunaris Grun.
Hantzschia amphioxys Grun. var. *brasiliana* Grun. fa *minor.*
Hantzschia amphioxys var. *Capensis* Grun.
    — — var. *xerophila* Grun.
    — (*amphioxys* var?) *antarctica* n. sp.
Gomphonema Kamtschaticum Grun. var *antarctica* n. var.

Melosira Dickiei Ktz.
    — *Roeseana* Rab.
    — *setosa* Grun.
Navicula borealis Ktz.
    — (Caloneis) *Charcotii* n. sp.
    — *intermedia* Lag.
    — *lata* Ktz.
    — *lata* var. *minor* Grun.
    — *macra* Grun.
    — *minima* Grun.
    — *molaris* Grun.
    — *mutica* Ktz var. *cymbelloides* n. var.
    — *mutica* var. *truncata* n. var.
    — — var. *centricosa* Cleve.

ESPÈCES D'EAU SALÉE

Cocconeis costata Greg.
— *Gauthierii* Van Heurck.
— — var. *ornata* Van Heurck.
— *Imperatrix* A. Sch.
Coscinodiscus antarcticus Grun.

Melosira interjecta Jan.
— *nummuloides* Ag.
— *Sol* Ktz.
Trachyneis Aspera Cleve.

RÉCOLTE N° 12. — **Détritus provenant du triage des mousses.** Ile Léonie, baie Marguerite ;
15 janvier 1909.

Cette récolte est presque uniquement composée de *Navicula borealis* et exempte de sable ;
les autres espèces sont en très petite quantité, à part le *Melosira setosa* que l'on rencontre
encore assez communément. Les espèces marines sont beaucoup plus rares que dans les
deux récoltes précédentes.

Hantzschia amphioxys Grun. var. *brasiliana* Grun.
fa minor.
Melosira Dickiei Ktz.
— *Roeseana* Rab.
— *setosa* Grev. A. C.

Navicula borealis Ktz. C. C.
— *minima* Grun.
— *molaris* Grun.
— *mutica* Ktz. var. *truncata* n. var.
— — var. *ventricosa* Cleve.

ESPÈCES MARINES

Actinocyclus polygonus Cast.
Cocconeis costata Greg.

Coscinodiscus antarcticus Grun.
Eucampia Balaustium Cast.

RÉCOLTE N° 19. — **Détritus provenant du triage des mousses.** Ile Petermann ; 14 mars 1909.

Récolte très pauvre en Diatomées, difficilement séparables d'une grande quantité de sable.
Le *Navicula borealis* est encore prédominant ; vu le petit nombre de Diatomées, les Diatomées
marines, quoique peu communes, paraissent prédominantes.

Achnanthes muscorum n. spec.
— var. *minor* n. var.
Hantzschia amphioxys Gr. var. *brasiliana* fa minor.
— — var. *Capensis* Grun.
Melosira Roeseana Rab.
Navicula borealis Ktz.

Navicula (Caloneis) *Charlatii* n. spec.
— *lata* Ktz.
— *lata* var. *minor* Grun.
— *mutica* Ktz. var. *capitulata* n. var.
— — var. *truncata* n. var.
— — var. *ventricosa* Cleve.

ESPÈCES D'EAU SALÉE

Achnanthes groenlandica? Cleve var.
Actinocyclus polygonus Cast.
Cocconeis costata Greg.
— *Gautieri* Van Heurck.
— *Imperatrix* A. Sch.
Melosira Omma Cleve var.

Melosira Sol Ktz.
— — var. *Belgicæ*, n° 100.
Podosira Montagnei Ktz.
— — fa minor Van Heurck.
Trachyneis Aspera Cleve.

RÉCOLTE Nº 569. — **Provenant d'un lavage de mousses recueillies en des lieux humides par 100 mètres d'altitude.** Ile Jenny ; 15 janvier 1909.

Récolte presque entièrement composée de *Navicula borealis* contenant une certaine quantité d'*Hantzschia amphioxys* var. *brasiliana* fª *minor*, les autres espèces rares. Les espèces marines y font complètement défaut ; il faut probablement y voir l'influence de l'altitude du lieu de la récolte (100 mètres).

Achnanthes coarctata Grun. var. *elineata* Lag. fª antarctica n. f.
Hantzschia amphioxys Grun. var. *brasiliana* Grun. fª *minor*.
Hantzschia (*amphioxys* var.?) *antarctica* n. sp.
Melosira Dickiei Ktz.
— *Roeseana* Rab.

Melosira setosa Grev.
Navicula borealis Ktz. C. C.
— *minima* Grun.
— *mutica* Ktz. var. *truncata* n. var.
— — var. *ventricosa* Cleve.
— *subcapitata* Greg. var. *stauroneiformis*, P. Petit.

RÉCOLTE Nº 791. — **Détritus provenant du triage des mousses.** Ile Petermann ; février 1909.

Récolte très riche en nombreuses formes ; les plus fréquentes sont : *Navicula muticopsis* var. *capitata*, *Navicula lata* var. *minor*, *Navicula mutica* var. *truncata* ; les espèces marines y sont également très nombreuses, très variées et moins fragmentées que dans les récoltes précédentes.

Achnanthepyla Bongrainii n. sp.
Achnanthes antarctica n. sp.
— *muscorum* n. sp.
— — var. *minor* n. var.
Gomphonema Kamtschaticum Grun. var. *antarctica* n. var.
Hantzschia amphioxys Grun. var *brasiliana* Gr. fª *minor*.
Hantzschia amphioxys var. *Capensis* Grun.
— — var. *minor* Per.
Hantzschia (*amphioxys* var.?) *antarctica* n. sp.

Navicula appendiculata Ktz.
— *borealis* Ktz.
— *Brebissonii* Ktz.
— *lata* Ktz. var. *minor* Grun. C.
— *mutica* Ktz. var. *cymbelloides* n. var.
— — var. *truncata* n. var. C.
— — var. *ventricosa* Cleve.
— *muticopsis* Van Heurck, var. *capitata* n. var. C. C.
Navicula subcapitata Greg. var. *stauroneiformis* P. Petit.

ESPÈCES D'EAU SALÉE

Actinocyclus polygonus Cast. et vars.
Amphora Proteus Greg.
— sp. A. Sch. Atl., pl. 27, fig. 44.
Biddulphia punctata Grev. var. *subaurita* V. H. ×
Biddulphia litigiosa V. H.
Cocconeis costata Greg.
— *extravagans* Jan.
— *Gautierii* Van Heurck.
— *Imperatrix* A. Sch.
Coscinodiscus antarcticus Grun.
— *Gerlachii* Van Heurck.
— *pectinatus* Ratt.

Coscinodiscus subtilis Eh.
Fragilaria Castracanei de Toni.
— *sublinearis* Van Heurck.
Grammatophora arcuata Eh.
Licmophora Belgicæ fª *minor* n. fª.
— *Rouchii* n. sp.
Melosira Omma Cleve.
— *Sol* Ktz. var. *Belgicæ* nº 100 V. H.
Navicula quadratarea A. Sch. var. *antarctica* n. var.
Nitzschia Barbierii n. sp.
Trachyneis Aspera Cleve.
— — var. *intermedia* Cleve.

RÉCOLTE Nº 792. — **Provenant d'un lavage de mousses recueillies en des lieux humides par 100 mètres d'altitude.** Ile Jenny ; 30 janvier 1909.

Diatomées peu nombreuses ; les prédominantes sont : le *Navicula borealis* et le *Melosira Roeseana*. Les espèces marines sont très rares, conséquence probable de l'altitude de la récolte (100 mètres).

Achnanthes coarctata Grun. var. *clineata* Lag. fª antarctica n.
Achnantes (coarctata var. ?) distorta n. sp.
— *muscorum* M. Per. var. *minor* n. var.
Eunotia tridentula Eh.
Hantzschia amphioxys Grun. var. *brasiliana* fⁿ minor.

Melosira Roeseana Rab.
Navicula borealis Ktz.
— *lata* Ktz. var. *integra* n. var.
— *minima* Grun.
— *muticopsis* V. H. var. *capitata* n. var.

ESPÈCES D'EAU SALÉE

Fragilaria californica Grun. var. *antarctica* n. v.   *Licmophora Belgicæ* M. Per. fª minor n. fª.

LISTE GÉNÉRALE
DES DIATOMÉES DES MOUSSES

Achnanthepyla Bongrainii n. sp.
Achnanthes antarctica n. sp.
— *Charcotii* n. sp.
— *coarctata* Grun. var. *clineata* Lar. fª antarctica.
Achnanthes muscorum n. sp.
— — var. *minor* n. var.
Cyclotella Meneghiniana Ktz. var. *plana* Fricke.
Cymatopleura Solea W. Sm.
Cymbella cistula Kirch.
— *lanceolata* Kirch.
Epithemia Sorex Ktz.
— *turgida* Ktz.
— *zebra* Ktz.
— — var. *minor* V. H.
Eunotia lunaris Grun.
— *tridentula* Eh.
— — var. *ventricosa* n. var.
Gomphonema constrictum Eh.
— *Kamtschaticum* Gr. var. *antarctica* n. var.
Hantzschia amphioxys Gr. var. *brasiliana* fª minor.
— — var. *Capensis* Grun.
— — var. *minor* Grun.
— — var. *Uticensis* Grun.
— — var. *xerophila* Grun.
— (*amphioxys* var.?) *antarctica* n. sp.
Melosira Dickiei Ktz.

Melosira Roeseana Rab
— *setosa* Grev.
Navicula appendiculata Ktz.
— *borealis* Ktz.
— *Brebissonii* Ktz.
— (Caloneis) *Charcotii* n. sp.
— (Caloneis) *Charlatii* n. sp.
— *intermedia* Lag.
— — var. *antarctica* n. var.
— *lata* Ktz.
— — var. *integra* n. var.
— — var. *minor* Grun.
— *macra* Grun.
— *minima* Grun.
— *molaris* Grun.
— *muralis* Grun.
— *mutica* Ktz. var. *capitulata* n. var.
— — var. *cymbelloides* n. var.
— — var. *truncata* n. var.
— — var. *ventricosa* Cleve.
— *muticopsis* V. Heurck.
— — var. *capitata* n. var.
— *subcapitata* Greg. var. *stauroneiformis* P. Petit.
Nitzschia palea W. Sm.
Rhoikoneis interrupta n. sp.
Rhopalodia gibba O. Müll.
— — var. *ventricosa* O. Müll.

b. — *DIATOMÉES DES NEIGES*

Appartiennent à cette catégorie les récoltes nᵒˢ 561, 576 et 578.

RÉCOLTE Nᵒ 561. — Neige verte. En quantité sur les parties humides de la neige où la fonte est assez rapide. Port-Lockroy, île Wiencke ; 27 décembre 1908.

Les Diatomées sont en petite quantité ; dans la récolte examinée au naturel, c'est à peine si j'y ai constaté leur présence. Après traitement par l'acide chlorhydrique et azotique, les Diatomées se sont révélées nombreuses, une espèce surtout que je déterminerais *Schizonema molle* var., si j'avais pu en observer les frondes dans la récolte à l'état cru. Je crois pouvoir, toutefois, l'identifier au *Pinnularia curta* A. Cleve.

Les espèces observées dans cette récolte sont très variées et en grande partie d'eau salée.

Achnanthes antarctica n. sp.
Navicula borealis Ktz.
—   (Pinnularia) *curta* A. Cleve C. C.
—   (Pinnularia) *curta* var. *elongata* n. var. C. C.
Navicula macra Grun.
—   *minima* Grun.
—   *molaris* Grun.

Navicula mutica Ktz.
—   *f*ᵃ *sporangialis?*
—   var. *cymbelloides* n. var. A. C.
—   var. *truncata* n. var.
—   var. *ventricosa* Cleve.
—   *muticopsis* V. H. var. *capitata* n. var. C. C.
—   *nivorum* n. sp. C.

ESPÈCES D'EAU SALÉE

Actinocyclus polygonus Cast.
—   *subtilis* Ralfs.
Amphora Proteus Greg.
Biddulphia punctata Grev. var. *subaurita* V. H.
Cocconeis costata Greg.
—   *Gautierii* Van Heurck.
—   *Imperatrix* A. Sch.
Corethron pinnatum Ost.
Coscinodiscus granulosus Grun.
—   *pectinatus* Ratt.
—   *stellaris* Rop.

Fragilaria californica var. *antarctica* n. var.
—   *Castracanei* de Toni.
—   *Cylindrus* Grun.
Gomphonema pachycladum Breb.
Licmophora Belgicæ *f*ᵃ *minor* n. sp.
—   (*Kamtschatica* var?) *antarctica* n. sp.
Melosira Omma Cleve.
—   *Sol* Ktz. var. *Belgicæ* nᵒ 100.
Navicula longa Ralfs.
Trachyneis Aspera Cleve.

RÉCOLTE Nᵒ 576. — Neige verte. Sur les falaises de glace de la baie de la Salpetraire. Ile Booth Wandel ; 22 février 1909.

Très rares Diatomées; les espèces d'eau douce, quoique plus variées, ne sont pas franchement prédominantes.

Achnanthes antarctica n. sp.
Cyclotella Comta Ktz. var.
Eunotia triodon Eh.
Melosira crenulata Ktz.
Navicula borealis Ktz.
—   *bisulcata* Lag.

Navicula molaris Grun.
—   *mutica* Ktz. var. *truncata* n. var.
—   var. *ventricosa* Cleve.
—   *nivorum* sp. nov.
—   var. *elongata* n. var.
—   *viridis* Ktz.

ESPÈCES D'EAU SALÉE

Cocconeis costata Greg.
Coscinodiscus antarcticus Grun.
Fragilaria californica Grun. var. *antarctica* n. var.

Navicula (directa var.) eriophila Cast.
Thalassionema gelida n. sp.

RÉCOLTE N° 578. — Neige rouge. A la surface de la neige, entre 10 et 20 mètres d'altitude. Ile Petermann ; mars 1909.

Rares Diatomées très variées, en majeure partie d'eau salée.

Achnanthepyla Gainii n. sp.
Achnanthes antarctica n. sp.
Cymbella lanceolata Kirch.
Diatoma anceps Kirch.
Epithemia turgida Ktz.

Gomphonema Kamtschaticum Grun. var. *antarctica*.
Hantzschia amphioxys Gr. var. *brasiliana* G. *f*ᵃ *minor*.
Navicula borealis Ktz.
—— muticopsis V. Heurck var. *capitata* n. var.
Nitzschia Frauenfeldii Grun. var. *antarctica* n. var.

ESPÈCES D'EAU SALÉE

Actinocyclus polygonus Cast.
Amphora Proteus Greg.
Cocconeis costata Greg.
— Gautierii V. Heurck.
· · Imperatrix A. Sch.
Coscinodiscus antarcticus Grun.
— granulosus Grun.
Cyclotella striata Grun. var. *ambigua* Grun.

Fragilaria californica Grun. var. *antarctica* n. var.
Gomphonema pachycladum. Breb.
Melosira Omma Cleve.
Navicula (directa var.) eriophila Cast.
— jejunoides V. Heurck var. *curta* n. var.
Podosira Montagnei Ktz.
Thalassionema gelida n. sp.
Trachyneis Aspera Cleve.

LISTE GÉNÉRALE
DES DIATOMÉES DES NEIGES

Achnanthepyla Gainii n. sp.
Achnanthes antarctica n. sp.
Cyclotella comta Ktz. var.
Cymbella lanceolata Kirch.
Diatoma anceps Kirch.
Epithemia turgida Ktz.
Eunotia triodon Eh.
Gomphonema Kamtschaticum Grun. var. *antarctica*, n. var.
Hantzschia amphioxys Grun. var. *brasiliana* Gr. *f*ᵃ *minor*.
Melosira crenulata Ktz.
Navicula bisulcata Lag.

Navicula borealis Ktz.
·— marra Grun.
— minima Grun.
· - molaris Grun.
·— mutica Ktz. *f*ᵃ *sporangialis?*
— · var. cymbelloides n. var.
— ·— var. truncata n. var.
— ·-· var. ventricosa Cleve.
— muticopsis V. Heurck var. *capitata* n. var.
— nivorum n. sp.
— viridis Ktz.
Nitzschia Frauenfeldii Grun. var. *antarctica* n. var.

2o — DIATOMÉES D'EAU DOUCE PROPREMENT DITES

Une seule récolte de cette catégorie se trouve parmi les matériaux qui m'ont été remis, c'est le n° 567.

Récolte n° 567. — **Sur les rochers où coulent les petits ruisseaux formés par l'eau provenant de la fonte des neiges. Altitude 125 mètres. Diatomées parmi les filaments du Conferva glacialis. Ile Jenny ; 30 janvier 1909.**

Achnanthes muscorum var. *minor* n. var.
Diploneis ovalis Cleve var. *oblongella* Cleve.
Cymbella cymbiformis Lag.
— *lanceolata* Kirch.
Hantzschia amphioxys Grun. var. *brasiliana* Gr. f^a *minor*.
Hantzschia (amphioxys var.?) *antarctica* n. sp.
Melosira Roeseana Rab. C.
Navicula borealis Ktz. C. C.
— *Boudetii* n. sp.
— *Depauxii* n. sp.

Navicula Godfroyi n. sp.
— *lata* Ktz.
— — var. *minor* Grun.
— *mutica* Ktz.
— — f^a *sporangialis?*
— *muticopsis* V. Heurek var. *capitata* n. var. C. C.
Navicula quinquenodis Grun.
— *stauroneiformis* n. sp.
Nitzschia Frauenfeldii Grun. var. *antarctica.*

ESPÈCES D'EAU SALÉE

Cocconeis costata Greg. r. r.
— *Imperatrix* A. Sch. r. r.

Melosira Sol Ktz. 1 fragment.

ACHNANTHÉES

ACHNANTHEPYLA nov. genus (M. Peragallo, 1918).

Frustules d'*Achnanthes* ayant des diaphragmes ou cloisons à la base des valves.
Ce genre peut se diviser en deux sous-genres :
Une seule cloison à la valve inférieure; *Monopyla.*
Une cloison à chacune des valves : *Dipyle.*

MONOPYLA

Achnanthepyla groenlandica (Cleve) n. sp. — **Achnanthidium groenlandicum** Cleve (1873), On Diatoms of the arctic sea, p. 25, pl. IV, fig. 23. — **Achnanthes groenlandica** Cleve et Grunow (1880), Beit. z. Kennt. d. arctischen Diat. p. 20 ; Cleve (1885), Vega, p. 460, pl. XXXV, fig. 3. — **Achnanthidium groenlandicum** Cleve (1895), Synop. navicul. Diatoms, II, p. 195.

Cette espèce doit avoir une place à part, à cause de la différence de structure de ses deux valves, particularité qui ne se retrouve pas dans les autres espèces de ce genre.

Achnanthepyla arctica (Cleve) n. sp. — **Achnanthidium arcticum** Cleve (1873). On Diat. from the arctic Sea, p. 25, pl. IV, fig. 22.

Habitat. — Spitzberg, Groenland, Finmarken.

Cleve (1895), Syn. of the navic. Diat., II, p. 194, réunit cette espèce à l'*Achnanthidium brevipes* var. *intermedia*, mais il se distingue nettement de cette forme non seulement par la présence de la cloison de la valve inférieure, qu'il représente parfaitement dans sa figure 22 *b* des Diatomées de la mer arctique, mais encore par sa striation notablement plus écartée (7 au lieu de 10 stries en 10 μ).

Ach. arctica var. incurvata (Ost.) n. var. — **Achnanthes subsenilis var. incurvata** Ostrup (1895), Marine Diat. fra Ostgronland, p. 408, pl. III, fig. 1.

Habitat. — Groenland.

Ostrup (*ibid.*, p. 407) assimile l'*Achnanthidium arcticum* à l'*Achnanthes subsessilis*

Achnanthepyla baccata (Cleve) n. spec. — **Achnanthes baccata** Cleve (1895), Synops. navicul. Diatoms, II, p. 195, pl. III, fig. 3.

Habitat. — Colombo, Ceylan.

Cleve assimile à cette espèce, qui présente 7 lignes de granules en 10 μ, l'*Achnanthes curvata* et le *Stauroneis baccata* de Leuduger-Fortmorel, dont les descriptions, dans les « Diatomées de Ceylan », sont bien sommaires et dont les dessins accusent 6 lignes de granules en 10 μ pour le premier et 5 1/2 pour le second.

Achnanthepyla Bongrainii n. spec. — Pl. I, fig. 4, 5, 6. — Valves de forme longuement elliptique. Valve supérieure (fig. 4) à pseudo-raphé étroit et sensiblement excentrique. Valve inférieure (fig. 6) à raphé bien marqué, à aire axiale nulle d'un côté, étroite de l'autre, à aire centrale largement stauronéiforme. Stries fortement granulées à la valve supérieure ; lignes de quatre granules à la valve inférieure, parallèles au milieu de la valve, progressivement rayonnantes vers les extrémités. Lumen à la valve inférieure.

Longueur 60 à 100 μ ; largeur 12 μ ; 5,5 stries en 10 μ à la valve supérieure ; 5 lignes de granules en 10 μ à la valve inférieure.

Habitat. — Ile Petermann, sur les mousses.

Quoique la valve inférieure de cette espèce ressemble à celle de l'*Ach. groenlandica* de Cleve, elle en est tout à fait distincte par sa valve supérieure qui ne ressemble ni au dessin ni à la description de cet auteur ; en outre, contrairement à ce qui a lieu pour l'*Ach. groenlandica*, dans l'*Ach. Bongrainii* les stries de la valve supérieure sont moins écartées que celles de la valve inférieure.

Achnanthepyla Gainii n. spec. — Pl. I, fig. 12. — Valves de forme bacillaire allongée à extrémités conico-arrondies. Valve supérieure non observée. Valve inférieure à raphé fin, mais bien visible. Stries divergentes formées d'un ou deux granules, laissant au milieu de la valve une aire centrale stauronéiforme large et évasée. Lumen aux extrémités.

Longueur 40-45 μ ; largeur 5 μ ; 7 lignes de granules en 10 μ.

Habitat. — Ile Petermann, sur la neige rouge.

Achnanthepyla Gainii var. Ostrupii n. var. — **Achnanthes groenlandica var** ? Ostrup (1897), Kyst. Diatomeer fra Gronland, p. 330, pl. II, fig. 17.

La forme représentée par Ostrup est tout à fait analogue à celle de l'*Achnanthepyla Gainii* ; elle n'en diffère que par sa légère constriction médiane, ses lignes de granules non rayonnantes au milieu de la valve et un peu plus écartées.

D'après le dessin d'Ostrup, les dimensions seraient les suivantes :

Longueur 50 µ ; largeur 6 µ ; 5 à 6 lignes de granules en 10 µ.

Habitat. — Ost. Groenland.

Achnanthepyla Jamalinensis (Grun.) n. sp. — **Achnanthes (hungarica Grun. var. ?) Jamalinensis** Grun. Cleve et Grun. (1880), Beit. z. Kennt. der arctisch. Diat., p. 26, pl. I, fig. 4.

Habitat. — Jamal, Kara.

Grunow rapportait comme variété, mais avec doute, cette espèce à l'*Achnanthes hungarica* ; Cleve (1895), dans son Synopsis naviculoid Diatoms, II, p. 190, la considère comme une variété de l'*Achnanthes affinis* ; ces deux espèces ont leurs stries parallèles et, respectivement, au nombre de 21 et de 27 à 30 en 10 µ. Outre la présence de la cloison de la valve inférieure, l'*Achnanthepyla Jamalinensis* a ses stries rayonnantes et au nombre de 16 en 10 µ; il est donc bien distinct des deux espèces auxquelles il a été assimilé.

Achnanthepyla mesogongyla (Grun.) n. sp. — **Achnanthes mesogongyla** (Grun) (1879), Cleve et Müller, Diat., n° 193 — Cleve et Grun. (1880), Beit. z. Kennt. d. arct. Diat., p. 19. — Cleve (1895) Syn. navic. Diat, II, p. 192, pl. III, fig. 1, 2.

Habitat. — E. D. Brésil.

Achnanthepyla simplex n. sp. — Pl. I, fig. 20, 21, 22. — Très variable de longueur. Valves de forme longuement biconique, à extrémités largement arrondies. Valve supérieure (fig. 20) avec pseudo-raphé central et une seule ligne de gros granules de chaque côté, plus ou moins allongés transversalement selon leur éloignement du milieu de la valve. Valve inférieure (fig. 22) à raphé bien visible et une ligne de granules ronds de chaque côté, manquant au milieu de la valve ; cloison profonde et bien visible. Face connective (fig. 21) biarquée ; valve supérieure porte une ligne de granules marginaux prolongée par une côte faible jusqu'au bord de la valve ; la valve inférieure a une ligne de granules au milieu de la hauteur de la valve.

Longueur 30 à 85 µ ; largeur 5 à 7 µ ; 5 lignes de granules en 10 µ à la valve supérieure, 5,5 à 6 à la valve inférieure.

Habitat. — M. Terre-Neuve.

DIPYLA

Achnanthepyla glabrata (Grun) n. sp. — **Achnanthes glabrata** Grun. (1863), Ueber ein. ung. bek. Art. u. Gatt. o. Diat., p. 146, pl. IV, f. 17. — Cleve et Grun. (1880), Beit. z. Kennt. d. arct. Diat., p. 22. — Cleve (1895), Syn. navic. Diat., II, p. 189.

Habitat. — M. Amérique, Océanie.

Achnanthepyla glabrata var. **Aucklandica** (Grun.) n. v. — **Achnanthes glabrata** var. **Aucklandica** Grun. Cleve et Grun. (1880), Beit. z. Kennt. d. arct. Diat.,p. 22. — Cleve (1895), Syn. navic. Diat., II, p. 189.

Habitat. — M. Auckland.

Achnanthepyla minutula (Grun.) n. sp. — **Cymbosira minutula** Grun. (1863), U. e. ung. bek. A. u. Gatt. o. Diat., p. 146, pl. IV, fig. 27.

Habitat. — M. Mer Ionienne.

D'après Cleve (1895), Syn. navic. Diat., p. 189, cette espèce doit être classée dans le genre *Achnanthes*, et voisine de l'*Achnanthes glabrata*. Le dessin de Grunow représente parfaitement les deux cloisons identiques à celles de l'*Achnanthes glabrata*.

Achnanthepyla Temperei (M. Per.) n. sp. — Pl. 1, fig. 35, 36, 37. — **Achnanthes Temperei** M. Per. (1908) *in* Tempère et Peragallo (1915), Diatomées du Monde entier, II, p. 100. Prép. n° 187.

Habitat. — Quinipiac River, Connecticut, U. S. A.

ACHNANTHES, Bory (1822).

Achnanthes antarctica n. sp. — Pl. I, fig. 25, 26. — Valves de forme elliptique allongée, quelquefois légèrement élargies au milieu. Valve supérieure à pseudo-raphé médian étroit, à stries très distinctement granulées, parallèles au milieu de la valve, rayonnantes vers les extrémités. Valve inférieure à aire axiale nulle, à aire centrale largement stauronéiforme, droite, un peu plus large d'un côté que de l'autre. Stries composées de granules isolés, petits ; elles sont parallèles au milieu de la valve et rayonnantes vers les extrémités.

Longueur 45 à 65 μ ; largeur 8 à 10 μ ; 6 stries en 10 μ à la valve supérieure, 6 1/2 à la valve inférieure.

Habitat. — Mousses. Ile Booth-Wandel, cap Tuxen, île Petermann.

Neiges. Port-Lockroy, île Wiencke, île Booth-Wandel, île Petermann.

Diffère de l'*Achnanthes subsessilis* principalement par sa striation moins serrée et ses stries moins rayonnantes à la partie centrale de la valve inférieure.

Achnanthes Charcoti in. sp. — Pl. 1, fig. 10, 11. — Valves de forme bacillaire àex trémités arrondies. Valve supérieure à pseudo-raphé central et peu apparent ; lignes de granules assez gros (4 de chaque côté du pseudo-raphé), parallèles au milieu de la valve et un peu radiantes aux extrémités. Valve inférieure à raphé très fin, à aire axiale nulle, à aire centrale stauronéiforme ; lignes de granules très petits, parallèles au milieu de la valve, un peu radiantes aux extrémités où elles sont plus serrées.

Longueur 35 μ ; largeur 11 μ ; 7 lignes de granules en 10 μ à la partie médiane de chaque valve, plus serrées aux extrémités.

Habitat. — Mousses. Cap Tuxen, Terre de Graham.

Achnanthes coarctata (de Breb 1855) Grun. (1880). — *Achnanthidium coarctatum* de Breb. *in* Ann. Mag. Nat. Hist. (2), vol. XV, p. 8, fig. 10. — W. Smith (1856), Syn. Brit. Diat., II, p. 31, pl. LXI, fig. 379. — *Achnanthes coarctata* Grun. (1880), Beit. z. Kennt. d. arct. Diat., p. 20.

D'après Grunow, le dessin de W. Smith n'est pas exact, et le pseudo-raphé, représenté comme central, est en réalité toujours plus ou moins excentrique.

Achnanthes coarctata var clineata Lag. fᵃ *antarctica*, n. fᵃ. — Pl. I, fig. 8, 9. — Semblable à la variété *elineata* [Lag. (1873), p. 49, pl. I, fig. 16], mais en diffère par sa forme plus grêle et sa striation un peu plus écartée.

Diffère de l'*Achnanthes subsessilis* var. *constricta* par le pseudo-raphé de sa valve supérieure qui est tout à fait excentrique et placé sur le bord même de la valve.

Longueur 42 μ ; 10 stries en 10 μ à la valve supérieure, 11 à 12 en 10 μ à la valve inférieure.

Habitat. — Mousses. Ile Jenny, commun.

Lagerstedt donne comme habitat de la variété *elineata* les mousses à Beeren Island.

Achnanthes distorta n. sp. — Pl. I, fig. 7. — Valves de forme extérieure et de dimensions semblables à celles de l'*Achnanthes coarctata* var. *elineata* fᵃ *antarctica*. Le raphé de la valve inférieure à pores centraux assez écartés est légèrement excentrique ; ses deux parties, après s'être légèrement infléchies vers le bord le plus voisin, traversent la valve obliquement pour devenir tangentes au bord opposé qu'elles atteignent à la partie capitée de la valve dont elles suivent le bord jusque près des extrémités de la valve où se trouvent les nodules terminaux. Aire axiale nulle, centrale, stauronéiforme, large et évasée. Stries granulées, fines, divergentes, courbes et entourant les nodules terminaux.

Faut-il y voir une forme anormale de l'*Achnanthes coarctata* var. *elineata*? La valve pourtant est bien régulière.

Longueur 42 μ ; 11 stries en 10 μ.

Habitat. — Mousses. Ile Jenny.

Achnanthes muscorum n. sp. — Pl. I, fig. 1, 2. — Assez petit. Valves de forme longuement elliptiques, ou rhomboïdales, à extrémités produites et largement arrondies. Valve supérieure à pseudo-raphé tout à fait marginal et suivant le bord de la valve, à stries granulées arquées divergentes, au nombre de 10 en 10 μ du côté du pseudo-raphé et de 9 en 10 μ du côté opposé de la valve. Valve inférieure à aire axiale nulle, à aire centrale irrégulièrement élargie, coniquement ; stries nettement granulées, rayonnantes jusqu'aux extrémités de la valve, plus serrées aux extrémités qu'au milieu de la valve où elles sont irrégulièrement raccourcies, au nombre de 7 à 8 en 10 μ au milieu et 10 à 12 aux extrémités.

Longueur 35 à 45 μ ; largeur 10 à 12 μ.

Habitat. — Mousses. Ile Booth-Wandel, cap Tuxen, ile Petermann. Assez abondant.

Achnanthes muscorum var. minor n. var. — Pl. I, fig. 3. — Plus petit et plus trapu que le type. Sur la valve inférieure, l'area central est presque stauronéiforme d'un côté et simplement irrégulièrement élargi de l'autre côté de la valve.

Longueur 30 µ.; 10 stries en 10 µ.
Habitat. — Mousses. Cap Tuxen, île Jenny, île Petermann.
Eau courante. Ile Jenny.

NAVICULÉES

RHOIKONEIS

Rhoikoneis interrupta n. sp. — Pl. 1, fig. 13, 14. -- Face connective faiblement genouillée de forme bacillaire allongée à extrémités arrondies ; les nodules terminaux des deux valves fortement proéminents à l'intérieur. Les valves sont assez semblables et ont l'aspect général de celles du *Navicula Brebissonii* Ktz., mais l'area axiale est moins développée et ne s'élargit pas avant d'arriver au pseudo-stauros. Les nodules terminaux ne sont pas placés tout à fait aux extrémités des valves. Sur la valve supérieure (convexe), les stries sont beaucoup plus serrées aux extrémités qu'au milieu de la valve ; le pseudo-stauros est relativement large. Sur la valve inférieure (concave), le pseudo-stauros est plus étroit et les stries sont à peu près uniformément écartées sur toute la longueur de la valve.

Longueur 35-55 µ.; 8 stries en 10 µ. au milieu de la valve supérieure ; 10 aux extrémités · 9 stries en 10 µ. à la valve inférieure.
Habitat. – Mousses. Ile Booth-Wandel.

NAVICULA

Caloneis.

Navicula Charcotii n. sp. — Pl. 1, fig. 16. ··· Petit ; de forme elliptique ou rhomboïdale à extrémités largement tronquées, arrondies. Aire axiale nulle, centrale, dilatée en un pseudo-stauros évasé allant presque jusqu'au sillon marginal, portant un point unilatéral isolé placé assez loin du nodule central. Stries fines, distinctement granulées, interrompues par un sillon marginal, radiantes jusqu'aux extrémités de la valve, les trois médianes de chaque côté réduites à un seul granule en dedans du sillon.

Longueur 20 à 25 µ. ; 14 stries en 10 µ.
Habitat. — Mousses. Ile Booth-Wandel, cap Tuxen.

Navicula Charlatii n. sp. — Pl. 1, fig. 34. — Valve de forme générale à extrémités brusquement diminuées, rostrées, fortement capitulées ; les bords de la partie elliptique ondulés ; sillons près des bords, bordés du côté intérieur par un granule renforcé. Raphé et nodules peu visibles. Aire axiale presque nulle, centrale, dilatée en un pseudo-stauros légèrement évasé allant presque jusqu'aux sillons. Stries finement granulées, rayonnantes de plus en plus du milieu aux extrémités de la valve, les médianes devant le pseudo-stauros réduites à un seul granule en dedans du sillon. Un granule unilatéral assez visible près du nodule médian.

Longueur 40 μ ; largeur 14 μ ; 12 stries en 10 μ au milieu de la valve ; 15 en 10 μ aux extrémités.

Habitat. — Mousses. Ile Petermann.

Neidium.

Navicula bisulcata Lag. (1873). — Söttv, Diat. f. Spets., p. 31, pl. I, fig. 8. — A. Sch., Atl., pl. 49, fig. 15, 16. — *Neidium bisulcatum* Cleve, Syn. navicul. Diatoms, I, p. 68.

Habitat. — Neiges. Ile Booth-Wandel. Rare.

Lagerstedt (1873) donne comme habitat : le Spitzberg et les mousses aux Beeren Island.

Mésoléiées.

Navicula minima Grun. (1885) *in* Van Heurck Synopsis. Diat. de Belg., p. 107, pl. XIV, fig. 15, 16. — Cleve, Syn. navic. Diat., I, p. 128.

Habitat. — Mousses. Cap Tuxen, île Léonie, île Jenny.

      Neiges. Port-Lockroy, île Wiencke.

Navicula mutica Kutz. (1844). — Die Kiesels. Bacill., p. 93. pl. III, fig. 22. — J. Brun. Diat. des Alp. et du Jura, p. 71, pl. VII, fig. 7. — Van Heurck, Syn. Diat. Belg., p. 95, pl. X fig. 19. — Cleve, Syn. navic. Diat., I, p. 129.

Habitat. — Eaux douces. Ile Jenny.

Espèce très répandue habitant les eaux douces et saumâtres.

Navicula mutica f^a sporangialis. — On observe assez souvent des formes irrégulières que j'attribue à des formes sporangiales du *Navicula mutica*.

Habitat. — Neiges. Port-Lockroy, île Wiencke.

      Eaux douces. Ile Jenny.

Navicula mutica var. capitulata n. var. — Pl. I, fig. 29. — Diffère du type par ses valves très légèrement triondulées et ses extrémités très fortement rétrécies et capitulées ; le point unilatéral du nodule médian est peu visible.

Longueur 35 μ ; 10 à 15 stries en 10 μ, les médianes plus écartées que celles des extrémités.

Habitat. — Mousses. Ile Booth-Wandel, île Petermann.

Navicula mutica var. cymbelloides n. var. — Pl. I, fig. 28. — Petit, trapu, terminé par de gros capitules arrondis. Raphé légèrement arqué. La valve, cymbiforme, a un côté convexe, arrondi, et l'autre légèrement creusé. Le point unilatéral est placé du côté creusé (ventral), il est peu apparent et de ce côté les stries médianes manquent ; seule la strie médiane est représentée par un seul granule tout à fait marginal ; du côté dorsal, les trois stries médianes sont réduites, chacune, à un seul granule. Aux extrémités, les stries, qui sont rayonnantes, vont jusque dans les capitules et entourent les nodules terminaux.

Longueur 22 μ ; largeur 10 μ.

Habitat. — Mousses. Cap Tuxen, île Petermann.

Neiges. Port-Lockroy, île Wiencke.

Navicula mutica var. truncata n. var. — Pl. I, fig. 27. — Diffère du type en ce que le corps de la valve est presque carré et est terminé par des extrémités largement rostrées et tronquées.

Longueur 10 µ ; largeur 10 µ.

Habitat. — Mousses. Cap Tuxen, île Léonie, île Petermann, île Jenny.

Neiges. Port-Lockroy, île Wiencke, île Booth-Wandel.

Nav. mutica var. ventricosa (Ktz. 1844). Grun. (1885) *in* Van Heurck, Syn. Diat. Belg., p. 96, pl. IV, fig. 1 *bis*. — Cleve, Syn. navic. Diat., I, p. 129. — *Stauroneis ventricosa* Ktz., Die Kiesels. Bacill., p. 105, pl. XXX, fig. 27. — Grev. *in* M. J., IV, pl. I, fig. 10.

Habitat. — Mousses. Cap Tuxen, île Léonie, île Petermann, île Jenny.

Neiges. Port-Lockroy, île Wiencke, île Booth-Wandel.

Navicula muticopsis. Van Heurck (1909), Belgica, p. 12, pl. 2, fig. 181.

A part les nodules terminaux, difficiles à voir, le *Navicula muticopsis* ne diffère du *Navicula mutica* que par sa plus grande robustesse ; les stries sont plus fortes, plus fortement granulées et, en général, un peu plus écartées.

Habitat. — Mousses. Ile Petermann.

Van Heurck donne comme habitat : Glace de banquise antarctique.

Navicula muticopsis var. capitata n. var. — Pl. I, fig. 40. — Diffère du type par ses extrémités rostrées capitées. Du côté du point unilatéral, les trois stries médianes sont beaucoup plus écartées que de l'autre côté.

Longueur 25 à 35 µ.

Habitat. — Mousses. Ile Petermann (très commun), île Jenny.

Neiges. Port-Lockroy, île Wiencke, île Petermann.

Eau courante. Ile Jenny.

Navicula quinquenodis Grun. (1860), Ueb. n. od. ung. gek. Algen, p. 522, pl. I, fig. 33. — Grun., Ueb. ein. ung. bek. Arten, p. 149, pl. 13, fig. 9. — (*Navicula mutica* var.) *quinquenodis* Van Heurck, Syn. Diat. Belg., p. 95, pl. X, fig. 21.

Habitat. — Eau courante. Ile Jenny.

Cleve, dans son Syn. nav. Diat., I, p. 130, assimile cette espèce au *Navicula nivalis* Eh. (1854), (*Mikrogeologie*, pl. XXXV, B, A, II, fig. 5) ; Grunow (1863) le dit semblable à cette espèce, mais différent. Il est bien difficile de départager ces deux opinions, sans une description et d'après le seul dessin d'Ehrenberg.

Microstigmaticées.

Navicula Boudetii n. sp. — Pl. I, fig. 39. — Petit ; de forme lancéolée à extrémités légèrement produites et largement arrondies. Aire axiale nulle, aire centrale en forme de pseudostauros évasé. Stries fines, parallèles entre elles, radiantes jusqu'aux extrémités de la valve.

Longueur 25 à 30 µ. Stries au nombre de 18 à 20 en 10 µ.

Habitat. — Eau courante. Ile Jenny.

Ostrup (1902), Flora of Koh Chang, p. 28, pl. 1, fig. 1, représente une forme tout à fait semblable; il l'assimile avec doute au *Navicula fasciata* Lag., mais cette assimilation ne me paraît pas acceptable, car le *Navicula fasciata* a ses stries perpendiculaires au raphé et son pseudo-stauros n'est pas évasé, ce qui n'est pas le cas dans le dessin d'Ostrup.

Navicula Depauxii n. sp. — Pl. 1, fig. 23. — De forme bacillaire, à extrémités subitement diminuées, rostrées et arrondies. Aire axiale étroite, s'élargissant à mesure qu'elle approche du nodule central ; aire centrale largement stauronéiforme évasée. Stries très fines, rectilignes, parallèles et rayonnantes jusqu'aux extrémités de la valve.

Longueur 38 μ ; largeur 7 μ ; stries très fines.

Habitat. — Eau courante. Ile Jenny.

Minusculæ.

Navicula curta (Astr. Cleve 1900) n. sp.   Pl. 1, fig. 31. — *Pinnularia curta*, A. Cleve (partim), Beit. z. Fl. d. Bären-Insel, p. 11, fig. 7ᵃ.

J'assimile cette forme, ainsi que sa variété *elongata*, au *Pinnularia curta* d'Astrid Cleve. Elle s'accorde parfaitement avec la description de cette espèce; mais pas tout à fait avec le dessin de A. Cleve, qui d'ailleurs ne correspond pas avec la description, et a les stries beaucoup moins serrées ; de plus, les stries axiales et centrales sont nulles.

Longueur 16 à 20 μ ; 15 stries en 10 μ.

Habitat. — Neige verte. Port-Lockroy, ile Wiencke (commun).

A Cleve donne comme habitat du *Pinnularia curta* le lac Ella à Bären-Insel.

Navicula curta var. elongata n. var. — Pl. 1, fig. 32. — *Pinnularia curta* A. Cleve (partim), Beit. z. Flora d. Bären-Insel, p. 11, fig. 7ᵇ. Plus grand que le type, de forme elliptique allongée à extrémités, quelquefois, légèrement atténuées.

Longueur 20 à 25 μ ; 15 stries en 10 μ.

Habitat. — Neige verte. Port-Lockroy, ile Wiencke (commun).

A Cleve a dessiné les deux formes, mais ne les distingue pas.

Navicula muralis, Grun. (1880), *in* Van Heurck, Syn. Diat. Belg., pl. XIV, fig. 26 à 28. — Cleve, Syn. navic. Diat., II, p. 3. — *Navicula Atomus* Schumann (*nec* Naeg.), Pruss. Diat., I, Nachtr., p. 21, pl. 11, fig. 24.

Habitat. — Mousses. Ile Booth-Wandel.

Lævistriatæ.

Navicula stauroneiformis n. sp. — Pl. 1, fig. 38 [non *Navicula stauroneiform* Lewis (1863-1865), W. Mount. Diat., pl. 11, fig. 9]. — Valve de forme lancéolée à extrémités atténuées, produites, arrondies. Aire axiale nulle ; centrale dilatée en pseudo-stauros évasé, arrondi, n'atteignant pas les bords de la valve. Stries fortement radiantes jusqu'aux extrémités de la valve où elles sont plus serrées qu'au milieu.

Longueur de 25 à 40 μ ; 15 à 18 stries en 10 μ.

Habitat. — Eau courante. Ile Jenny (sur *Conferva glacialis*).

J'assimile à cette espèce :

1º Le *Cymbella stauroneiformis* Lag. (1873) (Sötv., Diat. f. Spets., p. 45, pl. I, fig. 15) D'après la figure de Lagerstedt, cette espèce ne présente pas la dissymétrie indiquée dans la description ; d'ailleurs Cleve (Syn. nav. Diat.,1, p. 165) donne cette espèce comme ayant son raphé droit et tout à fait central, caractère qui, avec celui du pseudo-stauros existant des deux côtés de la valve, ne permet pas de classer cette espèce dans le genre *Cymbella*.

2º Le *Navicula kryokonites* Gran (1900) (Nor. north. Polar Exp., p. 28, pl. III, fig. 9), qui ne peut se rapporter à l'espèce de Cleve qui, d'après ses dessins et sa description, a ses stries parallèles et perpendiculaires au raphé ; ici les stries sont fortement rayonnantes.

PINNULARIÉES

Gracillimæ.

Navicula macra Grun. (1886), A. Sch., Atl., pl. 44, fig. 54. – De Toni, Syll., p. 61.

Je tiens cette forme comme spécifiquement différente du *Navicula molaris* Grun.(*Pinnularia molaris* Cleve). Les deux espèces sont d'ailleurs de Grunow qui les a différenciées. Le *Navicula macra* a un area axial nul et un pseudo-stauros large, tandis que le *Navicula* (*Pinnularia*) *molaris* a un pseudo-stauros étroit et son aréa axial est élargi, au moins près du nodule médian, si on s'en rapporte au dernier dessin de Grunow dans le Synopsis de Van Heurck.

Habitat. — Mousses. Cap Tuxen

Neiges. Port-Lockroy, île Wiencke.

Navicula molaris Grun. (1863), Ueb. einig. ungen. bek. Art., p. 149, pl. 13, fig. 26. – Van Heurck, Syn. Diat. Belg., pl. VI, fig. 20.— *Pinnularia molaris*, Cleve, Syn. navic. Diat., II, p. 74.— *Navicula mesoleia*, Cleve, N. little know. Diat., p. 10, pl. II, fig. 26.

Habitat. — Mousses. Cap Tuxen, île Léonie.

Neiges. Port-Lockroy, île Wiencke, île Booth-Wandel.

Capitatæ.

Navicula appendiculata (Ag. 1828), Ktz. (1844), (*nec* Grun.), Ktz. Bac., p. 93, pl. III, fig. 28. — Van Heurck, Syn. Diat. Belg., p. 79, pl. VI, fig. 18, 20. — *Frustulia appendiculata* Ag. (1828), Icon. Alg. Eur., pl. I. - - *Pinnularia appendiculata* Cleve, Syn. navic. Diat., II, p. 75.

Habitat. — Mousses. Ile Petermann.

Cleve donne comme habitat de cette espèce les mousses, les rochers humides et les régions arctiques.

Navicula subcapitata Greg. var. *stauroneiformis* P. Petit (1885), Diat. de Labourboule, fig. 10. — Van Heurck, Syn. Diat. Belg., pl. VI, fig. 22.

Habitat. - - Mousses. Ile Petermann, île Jenny.

Divergentes.

Navicula Brebissonii Ktz. (1844). — Bac.. p. 98, pl. 3, fig. 49 ; pl. 30, fig. 39. — Van Heurck, Syn. Diat. Belg., p. 77, pl. V, fig. 7. — *Pinnularia Brebissonii* Cleve, Syn. navic. Diat., II, p. 78.

Habitat. — Mousses. Ile Petermann.

Navicula nivorum n. sp. — Pl. I, fig. 18. — Valve de forme elliptique, à extrémités produites et largement arrondies. Raphé rectiligne à pores centraux globulaires. Aire axiale très étroite, s'élargissant en arrivant au nodule médian ; aire centrale grande, évasée en pseudo-stauros en forme de coupe, allant jusqu'aux bords de la valve. Stries non granulées rayonnantes et courbes au milieu de la valve, puis sinueuses, se redressant ensuite pour devenir très convergentes aux extrémités.

Longueur 35 à 40 μ ; largeur 11 à 12 μ ; 13 stries en 10 μ, vers la partie médiane, plus serrées aux extrémités.

Habitat. — Neiges. Port-Lockroy, île Wiencke, île Booth-Wandel (a. c.).

Cette forme a beaucoup d'affinité avec le *Navicula Atwoodi* M. Per. (dessiné pl. I, fig. 17) de Quinipiac River, U. S. A. (Tempère et Peragallo, Diatomées du monde entier, coll. II, p. 100, *in* Prép., n° 187) ainsi qu'avec le *Navicula nodulosa* Lag. (1873), Sötv., Diat. f. Spets., p. 23, pl. II, fig. 2, que Cleve assimile (à tort d'après moi) au *Navicula divergentissima* Grun. (Van Heurck, Syn. Diat. Belg., pl. VI, fig. 22).

Navicula nivorum var. elongata n. var. — Pl. I, fig. 19. — On trouve plus rarement une forme beaucoup plus allongée et à pseudo-stauros plus développé.

Habitat. — Neiges. Port-Lockroy, île Wiencke.

Distantes.

Navicula borealis (Eh. 1843), Ktz. (1844), Bac., p. 96, pl. 28, fig. 68, 72. — Van Heurck, Syn. Diat. Belg., p. 76, pl. VI, fig. 3, 4. — *Pinnularia borealis* Eh. (1843), Amer., pl. I, II, fig. 6. — Cleve, Syn. navic. Diat., II, p. 80.

Habitat. — Mousses, neiges et eau courante. Partout et souvent très abondant.

Le *Navicula borealis* est l'espèce la plus commune ; on le rencontre dans toutes les récoltes, et souvent en grande abondance.

Cette espèce est signalée comme habitant les mousses et les terres humides, et principalement les régions froides ou les grandes altitudes.

Navicula intermedia Lag. (1873), Sötv., Diat. f. Spets., p. 23, pl. I, fig. 3. — *Pinnularia intermedia* Cleve, Syn. navic. Diat., II, p. 80.

Habitat. — Mousses. Ile Booth-Wandel, cap Tuxen.

Lagerstedt signale cette espèce comme habitant les mousses aux Beer-Eiland.

Navicula intermedia var. antarctica, n. var. — Pl. I, fig. 24. — Diffère du type par sa forme plus grêle et ses côtes plus serrées.

Longueur 36 μ ; largeur 6 μ ; 10 côtes en 10 μ.

Habitat. — Mousses. Ile Booth-Wandel, cap Tuxen.

Navicula lata (Breb. 1838), Ktz. (1844), Bac., p. 92. — Grun., Franz Jos. Land, p. 98, pl. I, fig. 14. — *Pinnularia lata* W. Smith, Syn. Brit. Diat., I, p. 55, pl. XVIII, fig. 167. — Cleve, Syn. navic. Diat., II, p. 81.

Habitat. — Mousses. Ile Booth-Wandel, cap Tuxen, île Petermann.

Navicula lata var. integra, n. var. — Pl. I, fig. 15. — Valve elliptique allongée à extrémités très légèrement atténuées et largement arrondies. Raphé simple, robuste. Aire axiale très étroite ; centrale arrondie et excentrique, les pores du nodule médian étant tournés vers un même côté de la valve. Côtes courbes, radiantes, les extrêmes seulement étant légèrement convergentes.

Longueur 68 μ ; largeur 20 μ ; 5 côtes en 10 μ.

Diffère du type par son aire axiale très étroite, ses côtes plus serrées et courbes.

Habitat. — Mousses. Ile Jenny.

Navicula lata var. minor Grun (1878), Algen Kasp. meer, p. 112, pl. IV, fig. 22. — Grun., Fr. Jos. Land., p. 98, pl. I, fig. 16, 17. — *Pinnularia lata var. minor*, Cleve, Syn. navic. Diat., II, p. 81.

Habitat. — Mousses. Cap Tuxen, île Petermann.

Complexæ.

Navicula viridis (Nitzsch 1817), Kutz (1844), Bac., p. 97, pl. 4, fig. 18 ; pl. 30, fig. 12. — Van Heurck, Syn. Diat. Belg., p. 73, pl. V, fig. 5. — *Bacillaria viridis* Nitzsch., Beit. z. Infusorienkunde, p. 99, pl. VI, fig. 1 à 3. — *Pinnularia viridis* Eh., Infus., p. 182. — Cleve, Syn. navic. Diat., II, p. 91.

Habitat. — Neiges. Ile Booth-Wandel.

Navicula Thiebaudii n. sp. — Pl. I, fig. 41. — Forme extérieure, dimensions et areas du *Navicula rupestris* (A. Sch., Atl., pl. 45, fig. 43), mais les stries sont courbes, plus serrées et radiantes jusqu'aux extrémités.

Longueur 42 μ ; 15 stries en 10 μ.

Habitat. — Eau courante. Ile Jenny.

DIPLONEIS Ehrenberg (1841).

Diploneis ovalis Cleve, var. *oblongella* (Naegeli, 1849), Cleve, Syn. navic. Diat., I, p. 93. — *Navicula oblongella* Naeg. in Kutz, Species algarum, p. 890. — *Navicula elliptica var. oblongella* Van Heurck, Syn. Diat. Belg., pl. X, fig. 12.

Habitat. — Eau courante. Ile Jenny (r.).

GOMPHONÉMÉES

GOMPHONEMA Agardh (1824).

Gomphonema constrictum Eh. (1831) *in* Abh., 1831, p. 63. — Van Heurck, Syn. Diat. Belg., p. 123, pl. XXIII, fig. 6. — Cleve, Syn. navic. Diat., 1, p. 186.
Habitat. — Mousses. Ile Booth-Wandel.

Gomphonema Kamtschaticum Grun. var. *antarctica*, n. var. — Pl. I, fig. 43. — Forme intermédiaire entre le *Gomphonema Kamtschaticum* Grun. (1878, p. 12, pl. 3, fig. 4) et le *Gomphonema Groenlandicum* Ostrup (1895, p. 414, pl. 3, fig.8, 11, 12) ; il a la forme extérieure du premier et la striation du second ; les stries, presque uniformément réparties sur toute la longueur de la valve, viennent jusqu'au raphé d'un côté de la valve, tandis que de l'autre côté elles laissent entre leurs extrémités et le raphé une aire hyaline axiale notable.
Longueur 75 µ. ; 10 stries en 10 µ.

Quoique les *Gomphonema Kamtschaticum* et *Gomphonema Groenlandicum* soient des espèces admises comme marines, je classe provisoirement cette forme d'eau douce, en raison de sa fréquence dans les récoltes
Habitat. — Mousses. Cap Tuxen, île Petermann.
Neiges. Ile Petermann.

CYMBELLÉES

CYMBELLA Agardh (1830).

Cymbella cistula (Hempr. 1828), Kirch (1878), Alg. Schles., p. 189. — Van Heurck, Syn. Diat. Belg., p. 64, pl. 11, fig. 12, 13. — Cleve, Syn. navic. Diat., 1, p. 173. — *Bacillaria cistula* Hempr. *in* Ehrenb. Symb., Phys. Phyt., pl. 11, iv, fig. 10. — *Cocconema cistula* Hempr. *in* Ehrenb., Infus., p. 224, pl. XIX, fig. 7.
Habitat. — Mousses. Ile Booth-Wandel, cap Tuxen.

Cymbella cymbiformis Agardh (1830), p. 10. — Van Heurck, Syn. Diat. Belg., p. 64, pl. 11, fig. 11. — Cleve, Syn. navic. Diat., I, p. 172. — *Cocconema cymbiforme* Eh., *in* Abh., 1835.
Habitat. — Eau courante. Ile Jenny.

Cymbella lanceolata (Eh. 1838), Kirch. (1878), Alg. Schles., p. 188. — Van Heurck, Syn. Diat. Belg., p. 63, pl. 11, fig. 7. — Cleve, Syn. navic. Diat., I, p. 174. — *Cocconema lanceolatum* Eh., Inf., p. 224, pl. XIX, fig. 6.

Habitat. — Mousses. Ile Booth-Wandel.
Neiges. Ile Petermann (r.).

DIATOMÉES

DIATOMA de Candolle (1805).

Diatoma anceps (Eh. 1843), Kirch (1878), Alg. Schleis., p. 204. — Van Heurck, Syn. Diat. Belg., p. 161, pl. LI, fig. 5 à 8. — *Odontidium anceps* Eh., Amer., p. 127. — Eh., Mikrog., t. III, i, fig. 22.
Habitat. — Neiges. Ile Petermann.
Espèce des régions froides et élevées ; habite également les mousses en Norvège.

EUNOTIÉES

EUNOTIA Ehrenberg (1837).

Eunotia lunaris (Eh. 1831), Grun. (1885), *in* Van Heurck, Syn. Diat. Belg., p. 144, pl. XXXV, fig. 3 à 6. — *Synedra lunaris*, Eh., *in* Abh., 1831, p. 87. — *Ceratoneis lunaris*, Grun., Insel Banka, p. 7. — *Pseudoeunotia lunaris* de Toni, Syll., p. 808.
Habitat. — Mousses. Cap Tuxen.

Eunotia tridentula, Eh. (1843), Amer., p. 126, pl. II, i, fig. 14. — Van Heurck, Syn. Diat. Belg., p. 143. — Ktz., Bac., p. 38, t. 29, fig. 60. — De Toni, Syll., p. 801.
Habitat. — Mousses. Ile Jenny.
Espèce signalée comme habitant les régions montagneuses et subalpines.
Eunotia tridentula var. ventricosa, n. var. — Pl. I, fig. 42. — Valve petite et grêle, diffère du type (V. H., Syn., pl. 34, fig. 30) par une petite gibbosité à la partie médiane de la face ventrale.
Longueur 22 μ ; 21 stries en 10 μ.
Habitat. — Mousses. Ile Booth-Wandel.

Eunotia triodon Eh. (1837), in Monatsb., 1837, p. 45 ; Eh., Infus., p. 192, t. 21, fig. 24. — Van Heurck, Syn. Diat. Belg., p. 144, pl. XXXIII, fig. 9, 10.
Habitat. — Neiges. Ile Booth-Wandel.
Signalé comme habitant les montagnes de la Laponie.

ÉPITHÉMIÉES

EPITHEMIA de Brebisson (1838).

Epithemia turgida (Eh. 1830), Kutz. (1844), Bac., p. 34, t. 5, fig. XIV. — Van Heurck, Syn. Diat. Belg., p. 138, pl. XXXI, fig. 1, 2. — *Navicula turgida* Eh., *in* Abh., 1830, p. 64. — *Eunotia turgida*, Eh., *in* Abh., 1837, p. 45. — Eh., Inf., p. 190, t. XIV, fig. 5. — *Cistopleura turgida* Kunze *in* Rev. gen. Plant., II, p. 891.
Habitat. — Mousses, Ile Booth-Wandel.
       Neiges. Ile Petermann (r.).

Epithemia Sorex Ktz. (1844), Bac., p. 33, t. 5, fig. XII, 5. — Van Heurck, Syn. Diat. Belg., p. 139, pl. XXII, fig. 6 à 10. — *Cistopleura turgida* Kunze *in* Rev. gen. Plant., II, p. 891.
Habitat. — Mousses. Ile Booth-Wandel.

Epithemia Zebra (Eh. 1833), Ktz. (1844), Bac., p. 34, t. 5, fig. XII *b*; t. 30, fig. V. — *Navicula Zebra*, Eh., *in* Abh., 1833, p. 262. — *Eunotia Zebra*, Eh., Inf., p. 191, t. XXI, fig. 19. — *Cistopleura Zebra*, Kuntze *in* Rev. gen. Pl., II, p. 891.
Habitat. — Mousses. Ile Booth-Wandel, cap Teuxen.
Epithemia Zebra fᵃ minor Van Heurck, Syn. Diat. Belg., pl. XXXI, fig. 11, 12, 13.
Habitat. — Mousses. Ile Booth-Wandel.

RHOPALODIA O. Müller (1895).

Rhopalodia gibba (Eh. 1830), O. Müller (1895), G. Rhopalodia, p. 65, t. I, fig. 15 à 17. — Per., Diat. Mar., p. 302, pl. 77, fig. 2. — *Navicula gibba*, Eh., *in* Abh., 1830, p. 64. — *Epithemia gibba*, Ktz., Bac., p. 35, t. 4, fig. XXII ; Van Heurck, Syn. Diat. Belg., p. 139, pl. XXXII, fig. 1, 2.
Habitat. — Ile Booth-Wandel.

Rhopalodia ventricosa (Ktz. 1844), O. Müller (1895), G. Rhopalodia, p. 65, t. I, fig. 20, 21. *Epithemia ventricosa* Ktz., Bac., p. 35, t. 30, fig. 9. — *Epithemia gibba* var. *ventricosa* Van Heurck, Syn. Diat. Belg., p. 139, pl. XXXII, fig. 4, 5. — *Cystopleura gibba* var. *ventricosa* de Toni, Syll., p. 781. — *Rhopalodia gibba* var. *ventricosa*, Perag., Diat. Mar. d. Fr., p. 302, pl. 77, fig. 3 à 5.
Habitat. — Mousses. Ile Booth-Wandel.

NITZSCHIÉES

HANTZSCHIA Grunow (1877).

Hantzschia amphioxys (Eh. 1843), Grun. (1880), *in* Cleve et Grun, Beit. z. Kennt. d. arct. Diat., p. 103. — Van Heurck, Syn. Diat. Belg., p. 168, pl. LVI, fig. 1, 2. — *Eunotia amphioxys* Eh., Verbr., p. 125, t. I, ı, fig. 26 ; t. II, ı, 15 ; ıı, fig. 16 ; t. III, ıv, fig. 9 ; t. IV, v, fig. 7.

Hantzschia amphioxys var. brasiliana Grun., *f*ᵃ *minor*, n. fᵃ. — Petite forme de l'*Hantzschia amphioxys* var. *brasiliana* (Cleve et Grun. 1880), n'ayant que 40 μ de longueur.

> *Habitat.* — Mousses. Ile Booth-Wandel, cap Tuxen, ile Léonie, ile Petermann, ile Jenny. Assez commun partout.
> Neiges. Ile Petermann (r.).
> Eau courante. Ile Jenny.

Hantzschia amphioxys var. Capensis Grun. (1880), *in* Cleve et Grun., Beit. z. Kennt. d. arct. Diat., p. 103. — De Toni, Syll., p. 562.

Habitat. — Mousses. Cap Tuxen, ile Petermann.

Hantzschia amphioxys var. minor Per. (1900), Diat. mar. d. Fr., p. 275, pl. 9, fig. 246 *d*.

Habitat. — Mousses. Ile Petermann.

Hantzschia amphioxys var. Uticensis Grun. (1884), Franz. Jos. Land, p. 47.

Habitat. — Mousses. Ile Booth-Wandel.

Hantzschia amphioxys var. xerophila Grun. (1884), Franz. Jos. Land, p. 47. — De Toni, Syll., p. 561.

Habitat. — Mousses. Cap Tuxen.

Hantzschia (amphioxys var.?) antarctica n. sp. — Pl. I, fig. 33. — Valve à bord ventral concave avec un nodule médian apparent ; à bord dorsal droit, avec des extrémités fortement atténuées, capitées et récurvées vers le bord dorsal. Points carénaux petits, ronds et écartés les uns des autres et à intervalles irréguliers. Stries délicates, non distinctement granulées.

Longueur 50 à 60 μ ; 4 à 5 points carénaux, 28 à 30 stries en 10 μ.

Cette forme a à peu près l'aspect de l'*Hantzschia amphioxys* fᵃ *capitata* de O. Müller [Bacillarien aus Sud-Patagonien (1909), p. 34, t. II, fig. 26], mais il en diffère complètement, tant par son nombre de points carénaux, en 10 μ, que par sa striation. Ces éléments ne concordent pas, non plus, avec ceux de l'*Hantzschia amphioxys* et de ses nombreuses variétés.

> *Habitat.* — Mousses. Ile Booth-Wandel, cap Tuxen, ile Jenny, ile Petermann. Assez commun.
> Eau courante. Ile Jenny.

NITSCHIA Hassal (1845).

Nitzschia Frauenfeldii Grun. var. *antarctica*, n. var. — Pl. I, fig. 30. — Diffère du type par sa longueur plus grande, et en ce que la perle médiane manque et est remplacée par un petit renforcement de la carène en arc de cercle.

Longueur 80-90 μ ; largeur 8 μ ; 8 points carénaux et 16 stries en 10 μ, chaque point caréna donnant naissance à une strie.

Habitat. — Neiges. Ile Petermann.

Nitzschia Palea (Ktz. 1844), W. Smith (1853-1856), Syn. Brit. Diat., II, p. 89. — Van Heurck, Syn. Diat. Belg., p. 183, pl. LXIX, fig. 22, *b. c.* — *Synedra Palea* Ktz., Bac. p. 63, t. III, fig. 27 ; t. IV, fig. 47.

Habitat. — Neige. Ile Booth-Wandel.

CYMATOPLEURA W. Smith (1851).

Cymatopleura Solea (de Breb. 1838), W. Smith (1851), *in* Ann. Nat. Hist., 1851, p. 12, pl. 3, fig. 9 ; W. Sm., Syn., Brit. Diat., p. 36, pl. X, fig. 78 ; Per., Diat. Mar. de Fr., p. 259, pl. 68, fig. 5 à 8. — *Surirella Solea* de Breb., Consid. s. les Diat., p. 17.

Habitat. — Mousses. Ile Booth-Wandel.

CRYPTORAPHIDÉES

MÉLOSIRÉES

CYCLOTELLA Kutzing (1833).

Cyclotella comta (Eh. 1842), Kutz. (1849), Spec. Algarum, p. 20. — Van Heurck, Syn. Diat. Belg., p. 214, pl. XCII, fig. 16 à 22. — *Discoplea comta* Eh. *in* Ber., 1842, p. 267.

Habitat. — Neiges. Ile Booth-Wandel (r.).

Cyclotella Meneghiniana Ktz. var *plana* Fricke (1900) *in* A. Sch., Atl., pl. 222, fig. 32.

Habitat. — Mousses. Cap Tuxen.

MELOSIRA Agardh (1824).

Melosira crenulata (Eh. 1843) ; Kutz (1844), Bac., p. 36, pl. 2, fig. VIII ; Van Heurck, Syn. Diat. Belg., p. 199, pl. LXXXVIII, fig. 3 à 5. — *Gallionella crenulata* Eh., Verbr., t. II, fig. 28 ; t. IV, fig. 31.

Habitat. — Neiges. Ile Booth-Wandel.

Melosira Dickiei (Thw. 1848) ; Kutz. (1849), Spec. Alg., p. 889 ; Van Heurck, Syn. Diat. Belg., p. 200, pl. XC, fig. 10 à 12, 15, 16. — *Orthosira Dickiei* Thw. *in* Ann. Nat. Hist., 1848, p. 168, pl. 12, E, fig. 1 à 7.

Habitat. — Mousses. Ile Booth-Wandel, cap Tuxen, ile Léonie, ile Jenny.

Melosira Roeseana Rabh. (1852), Sussw. Diat., p. 13, t. 10, suppl. ; Van Heurck, Syn., p. 199, pl. LXXXIX, fig. 1 à 6. — *Orthosira spinosa* Grev., *in* Ann. Sc. Nat., sér. 2, vol. XV, pl. 4, fig. 14 à 17. — *Melosira spinosa* J. Brun, Diat. d. Alp., p. 136, pl. 1, fig. 5.

Habitat. — Mousses. Cap Tuxen, île Léonie (r.), île Petermann, île Jenny (c.).

Eau courante. Ile Jenny (c.).

Melosira setosa Grev. (1865), New. and. r. Diat. fr. Tropics, p. 436, pl. 6, fig. 17 à 19 ; Van Heurck, Syn. Diat. Belg., pl. LXXXVI, fig. 10 à 16. — *Lysigonium? setosum* de Toni, Syll., p. 1330.

Habitat. — Mousses. Cap Tuxen, île Léonie (a. c.), île Jenny.

LISTE GÉNÉRALE DES DIATOMÉES D'EAU DOUCE

	MOUSSES	NEIGES	EAU COURANTE
Achnanthepyla Bongrainii n. sp...	+		
— *Gainii* n. sp...		+	
Achnanthes antarctica n. sp...	+	+	
— *Charcotii* n. sp...	+		
— *coarctata* Grun. var. *eli-*neata Lag. *f*ª *antartica*...	+		
Achnanthes (*conrctata* var.?) *distorta* n. sp...	+		
Achnanthes muscorum n. sp...	+		
— *muscorum* var. *minor* n. var...	+		+
Cyclotella comta Ktz...		+	
— *Meneghiniana* Ktz. var. *plana* Fricke...	+		
Cymatopleura Solea W. Son...	+		
Cymbella cistula Kirch...	+		
— *cymbiformis* Ag...			+
— *lanceolata* Kirch...	+	+	+
Diatoma anceps Kirch...		+	
Diploneis ovalis Cleve var. *oblongella* Cleve...			+
Epithemia sorex Ktz...	+		
— *turgida* Ktz...	+	+	
— *zebra* Ktz...	+		
— — *f*ª *minor* Van Heurck...	+		
Eunotia lunaris Grun...	+		
— *tridentula* Eh...	+		
— — var. *ventricosa* n. var...	+		
— *triodon* Eh...		+	
Gomphonema constrictum Eh...	+		
— *Kamtschaticum* Grun. var. *antarctica* n. var...		+	
Hantzschia amphioxys Grun. var. *brasiliana* Grun. *f*ª *minor*...		+	+
Hantzschia amphioxys var. *Capensis* Grun...	+		
Hantzschia amphioxys var. *minor* Per...	+		
Hantzschia amphioxys var. *Uticensis* Grun...	+		
Hantzschia amphioxys var. *xerophila* Grun...	+		
Hantzschia (*amphioxys* var.?) *antarctica* n. sp...	+		+
Melosira crenulata Ktz...		+	
— *Dickiei* Ktz...	+		
— *Roeseana* Rab...	+		+

	MOUSSES	NEIGES	EAU COURANTE
Melosira setosa Grev...	+		
Navicula appendiculata Ktz...	+		
— *bisulcata* Lag...		+	
— *borealis* Ktz...	+	+	+
— *Boudeti* n. sp...			+
— *Brebissonii* Ktz...	+		
— *Charcotii* n. sp...	+		
— *Charlatii* n. sp...	+		
— *curta* n. sp...		+	
— — var. *elongata* n. var...		+	
— *Depauxii* n. sp...			+
— *Godfroyi* n. sp...			+
— *intermedia* Lag...	+		
— — var. *antarctica* n. var...	+		
— *lata* Ktz...	+		+
— — var. *integra* n. var...	+		
— — var. *minor* Grun...	+		
— *macra* Grun...	+	+	
— *minima* Grun...	+	+	
— *molaris* Grun...	+	+	
— *muralis* Grun...	+		
— *mutica* Ktz...			+
— — var. *sporangialis*...		+	+
— — var. *capitulata* n. var...	+		
Navicula mutica var. *cymbelloides* n. var...	+	+	
Navicula mutica var. *truncata* n. var...	+	+	
— — var. *ventricosa* Cleve...	+	+	
— *muticopsis* Van Heurck...	+		
— — var. *capitata* n. var...	+	+	+
Navicula nivorum n. sp...		+	
— — var. *elongata* n. var...		+	
Navicula quinquenodis Grun...			+
— *stauroneiformis* n. sp...			+
— *subcapitata* Greg. var. *stauroneiformis* P. Pet...	+		
— *Thiebaudi* n. sp...			+
— *viridis* Ktz...		+	
Nitzschia Frauenfeldii var. *antarctica* n. var...		+	+
Nitzschia Palea W. Smith...		+	
Rhoikoneis interrupta n. sp...		+	
Rhopalodia gibba O. Müller...		+	
— *ventricosa* O. Müller...		+	

ESPÈCES D'EAU SALÉE

	MOUSSES	NEIGES	EAU COURANTE
Achnanthes groenlandica? Cleve....		+	
Actinocyclus polygonus Cast.......	+	+	
Actinocyclus subtilis Ralfs.		+	
Amphora Pimenteli n. sp. (A. Sch. Atl, pl. 24, fig. 44).............	+		
Biddulphia litigiosa V. Heurck (*punctata* v. *subaurita*).........	+	+	
Biddulphia punctata Grev. var. *Belgicæ* nº 135...............		+	
Campylodiscus Thuretii Breb.	+		
Cocconeis costata Greg.............	+	+	+
— *extravagans* Jan........	+		
— *Gauthieri* Van Heurck...	+	+	
— — var. *ornata* V. H.	+		
— *Imperatrix* A. Sch.......	+	+	+
Corethron pinnatum Ost..........		+	
Coscinodiscus antarcticus Grun.....		+	
— *Gerlachii* Van Heurck.	+		
— *granulosus* Grun.....		+	
— *pectinatus* Ratt......	+	+	
— *stellaris* Rop........		+	
— *subtilis* Eh..........	+		
Cyclotella striata Gr. var. *ambigua* Grun		+	
Eucampia Balaustium Cast........	+		
Fragilaria californica Grun. var. *antarctica* n. var.............	+		
Fragilaria Castracanei de Toni.....	+	+	
— *Cylindrus* Grun.......		+	
— *sublinearis* Van Heurck..	+		
Gomphonema pachycladum Breb....			

	MOUSSES	NEIGES	EAU COURANTE
Grammatophora arcuata Eh........	+		
— *oceanica* Eh. var. *macilenta*..................	+		
Licmophora (*Kamtschatica* Grun. var.?) *antarctica* n. sp..........		+	
Licmophora Bassani n. sp.........	+		
— (*Reichardtii* var.?) *Belgicæ* fª *minor*...........	+	+	
— *Rouchii* n. sp........	+		
Melosira interjecta Jan...........	+		
— *nummuloides* Ag.........	+		
— *Omma* Cleve...........	+	+	
— *Sol* Ktz.............	+		+
— — var. *Belgicæ* nº 100...	+	+	
Navicula (*directa* Ralfs var.?) *criophyla* Cast..............		+	
Navicula jejunoides V. H. var. *curta* Van Heurck.............		+	
Navicula longa Ralfs.............		+	
— *quadratarea* A. Sch. var. *antarctica* n. var.............	+		
Nitzschia Barbieri n. sp..........	+		
Podosira Montagnei Ktz.	+	+	
— — fª *minor*.......	+		
Synedra Baculus Greg.............	+		
Thalassionema gelida n. sp.........		+	
Trachyneis Aspera Cleve..........	+	+	
— — var. *intermedia* Cleve	+	+	
Trachyneis Aspera var. *minuta* Per.	+		
— *Clepsydra* Donkin......		+	

Le Dr H. Van Heurck a donné, dans les résultats du voyage de la *Belgica*, une liste des espèces d'eau salée de Diatomées récoltées dans les régions tant antarctiques qu'arctiques. Je me bornerai à donner ici la liste des Diatomées d'eau douce observées dans les régions antarctiques.

NOMS DES ESPÈCES.	ILE KERGUELEN	ILE FALKLAND	CAP HORN	CAP HORN, P. PETIT	MAGELLAN, CLEVE	PATAGONIE, OTTO MÜLLER
	EHRENBERG	EHRENBERG				
	1	2	3	4	5	6
Achnanthes australis Eh.	+					
Biasolettiana Grun		+	+		+	+
coarctata Grun						+
var. *clineata* Lag.						+
exigua Grun					−	
hungarica Grun				+		
inflata Grun		−				
var. *signata* O. Müll						+
linearis Grun					+	
lanceolata Breb						+
— var. *capitata* O. Müll						+
microcephala Ktz.						+
minutissima Ktz.						
— var. *cryptocephala*						
Semen Eh.		+	+			
Amphora hyalina Eh.						
libyca Eh.						+
lineata Greg.						
ovalis Ktz. var. *gracilis* V. H.						
— var. *pediculus* V. H.						
Cocconeis borealis Eh.	+					
pediculus Eh.						
placentula Eh.						
— var. *lineata* V. H.				+		
striata Eh. (*Diploneis elliptica*?)						
Cymatopleura Solea W. Sm.						
Cymbella acuta Cleve						
affinis Ktz.						
americana A. Sch.						
antarctica Cleve						
Aspera Eh.						+
cistula Kirch.						
— var. *gibbosa* J. Br						
— var. *maculata* Grun						
cuspidata Ktz.						
cymbiformis Ag.						+
Ehrenbergii Ktz.						+
microcephala Grun						+
naviculæformis Auers						
Nordenskioldii O. Müll						+
parva V. H.						+
Spuria Cleve						
turgidula Grun						
Denticula elegans Ktz.						
— *frigida* Ktz.						

	1	2	3	4	5	6
Denticula subtilis Grun						+
— *thermalis* Ktz						+
Diatoma anceps Kirch						+
— *Ehrenbergii* Ktz. var. *grande* J. Br		+	+			+
— *elongatum* Ag. et var						+
— *hiemale* Heib						+
— ... var. *mesodon* Grun						+
— *vulgare* Borg						+
— var. *constricta* Grun						+
Diploneis elliptica Cleve				+	+	+
— *linearis* O. Müller						+
ovalis Cleve						
— var. *oblongella* Cleve						
— *patagonica* O. Müller						
Encyonema Borgei O. Müller					+	+
gracilis Rab					+	
Lunula Grun				+		
turgidum Grun						+
— var. *obtusa* O. Müll						+
ventricosum Grun						+
Wittrockii O. Müller						+
Epithemia Argoidea O. Müller						+
Argus Ktz						+
— var. *ocellata* Breb						+
turgida Ktz						+
— var. *vertagus* Grun						+
— var. *zebrina* Rab		+				+
Zebra Ktz		+				+
— var. *elongata* Grun						+
— var. *Porcellus* Grun						+
— var. *proboscidea* Grun						+
— var. *saxonica* Grun						+
Eunotia alpina Ktz					+	+
arcus Eh	+		+			+
— var. *hybrida* Grun				+		
attenuata Cleve					+	
Camelus Eh				+		
Cygnus Eh	+					+
exigua Rab						
Falklandiæ Eh			+			+
gracilis W. Sm						+
impressa Eh	+					+
incisa Greg					+	
major Rob					+	
monodon Eh	+					+
obesa Cleve				+		
obtusiuscula Cleve				+		
parallela Eh				+	+	
lunaris Grun						
pectinalis Rab						
var. *stricta* Rab					+	+
prærupta Eh						+
quaternaria Eh				+		
robusta Ralfs					+	
— var. *Papilio* Rab					+	
ternaria Cleve					+	
tridentata Eh					+	
tridentula Eh				+	+	
triodon Perty						+
Fragilaria bidens Heib. et *f* minor						+
brevistriata Grun						+
— var. *cunata* Grun						+
capucina Derm			+			+
— var. *acuminata* Grun						+
— var. *acuta* Grun						+
— var. *lanceolata* Grun						+

	1	2	3	4	5	6
Fragilaria construens Grun				+		+
— — var *binodis* Grun						+
— — var. *venter* Grun						+
— *elliptica* Schum						+
— *Eunotia* Eh.?			+			
— *Lancettula* Schum						+
— *mutabilis* Grun					+	
— — var. *intercedens* Grun						+
— — var. *intermedia* Grun						+
— — var. *minutissima* Grun						+
— *patagonica* Cleve						+
— — var. *rostrata* O. Müll						+
— *virescens* var. *exigua* Grun						+
Gomphonema angustatum Ktz						+
— *Augur* Eh	+					+
— *auritum* Braun					+	+
— *Catena* Eh			+			+
— *constrictum* Eh						+
— — var. *capitata* Eh						+
— *dichotomum* Ktz					+	+
— *gracile* Eh	+	+				+
— *intricatum* Ktz						+
— — var. *dichotoma* Grun						+
— *longiceps* Eh	+					+
— *Mustela* Eh				+		+
— *olivaceum* Ktz						+
— — var. *calcarea* Cleve						+
— *parvulum* Ktz						+
— — var. *micropus* Cleve						+
— *subclavatum* Grun						+
— *subtile* Eh						+
— *tenellum* Ktz						+
Hantzschia amphioxys Grun			+	+		+
— — var. *capitellata* Grun.?						+
— — var. *hyperborea* Grun. et *fa crassa* O. Müll						+
— — var. *major* Grun						+
— — var. *recta* O. Müll						+
— — var. *vivax* Grun						+
— *Borgei* O. Müller						+
— — var. *rostellata* O. Müll						+
— *elongata* Grun	+				+	+
Mastogloia imperfecta Cleve					+	
Melosira crenulata Ktz						+
— — var. *laevis* Grun				+		
— *distans* Ktz						+
— — var. *alpigena* Grun						+
— *granulata* Ralfs						+
— *lineolata* var. *patagonica* O. Müller						+
Navicula acrosphaeria Ktz	+					
— *aequalis* Eh	+	+				
— *affinis* Eh		+	+			+
— *amphirhynchus* Eh. *fa major* et *fa minor*					+	
— *amphisbaena* Bory	+			+		
— *amphisphenia* Eh				+		
— *anglica* Ralfs						+
— *antarctica* (Eh.) de Toni	+					
— *appendiculata* Ktz			+	+		
— *Atomus* Grun						+
— *australis* Eh				+		
— *avenacea* Breb						+
— *bacillaris* Greg						+
— *bacilliformis* Grun						+
— *Bacillum* Eh			+	+	+	
— *bisulcata* Lag						+
— *bogotensis* Grun						+
— *borealis* Ktz	+		+	+	+	+

	1	2	3	4	5	6
Navicula borealis var. *dilatata* Eh	+	+	+			
— *brachysira* Breb					+	
— *Brebissonii* Ktz				+		+
— — var. *diminuta* Grun						+
— *chiliensis* Ktz	+					
— *cincta* Eh						+
— — var. *cari* Cleve						+
— — var. *leptocephala* Grun						+
— *cocconeiformis* Greg						+
— *completa* Cleve					+	
— *crassinervia* Breb				+		
— *cryptocephala* Ktz						+
— — var. *exilis* Ktz						+
— — var. *veneta* Rab						+
— *cuspidata* Ktz		+				+
— — var. *ambigua* Cleve						+
— *Dactylus* Ktz				+		
— — var. *A*, Sch., Atl., pl. 42, fig. 5				+		
— *decurrens* Eh		+	+			
— *dicephala* Eh	+	+				+
— *divergens* W. Sm				+		
— — var. *elliptica* Grun					+	
— *dubia* Eh						+
— *Ergadensis* Ralfs				+		
— *Falklandiæ* Eh		+				
— *fasciata* Lag						+
— *Flotowii* (*Diadesmis*) Grun						+
— *Gastrum* Eh	+	+				
— *gibba* Ktz	+	+	+		+	+
— *gregaria* Donk						+
— *hungarica* Gr. var. *capitata* Eh			+			
— *icostauron* Grun	+					
— *interrupta* (Eh.) W. Sm						+
— — var. *stauroneiformis* Cleve						+
— *Iridis* Eh						+
— *Kerguelensis* (Eh.) Ralfs	+					
— *lanceolata* Ktz						+
— *lata* Breb					+	+
— — var. *minor* Grun						+
— *latevittata* Cleve					+	+
— *Legumen* Eh	+	+		+		+
— *leptogongyla* Eh		+				
— *limosa* Ktz		+			+	
— *luculenta* A. Sch						
— *macilenta* Eh	+	+	+	+		
— *Magellanica* Cleve					+	
— *major* Ktz				+	+	+
— — var. *transversa* Cleve						+
— *mesolepta* Eh				+		
— *microsphenia* Eh		+				
— *microstauron* Eh	+	+			+	+
— *molaris* Grun						+
— *mutica* Ktz						+
— — var. *Goppertiana* Bleisch						+
— *neglecta* Ktz		+				
— *nobilis* Ktz		+				
— *nodosa* Eh				+		
— *nubicola* Grun						+
— *Paulensis* Grun						+
— *peregrina* Ktz	+					+
— — var. *Menisculus* Grun						+
— *Pisiculus* Ktz				+		
— *Placentula* Eh						+
— *platalea* Eh			+			
— *platystoma* Eh			+			
— *pleuronectes* Eh			+			

	1	2	3	4	5	6
Navicula producta W. Sm				+		
— *pterophæna* (Eh.) de Tonis	+					
… *Pupula* Ktz						+
— — var. *bacillarioides* Grun						+
— *radiosa* Ktz					+	+
— — var. *acuta* Grun		+				+
— — var. *tenella* Breb						+
-- *rhomboides* Eh. (*Vanheurckia*)				+	+	+
— — var. *amphipleuroides*					+	+
— *Semen* Eh		+				
— *semicruciata* A. Sch				+		
— *seminulum* Grun						+
— *serians* Ktz					+	
— *silicula* Eh						+
— — var. *brevistriata*						+
— — var. *patagonica*						+
— — var. *ventricosa*						+
— *sphærophora* Ktz					+	+
— *stauroptera* Grun					+	+
— — var. *interrupta* Cleve						+
— *stomatophora* Grun						+
-- *streptoraphe* Clev. var. *styliformis* Cleve		+				
— *subcapitata* Greg						+
-- *subtilissima* Cleve					+	
— *tabellaria* Ktz	+	+ ?				
-- *transversa* A. Sch				+		
— *tuscula* Eh						+
-- *vespa* Eh	+					
— *viridis* Ktz	+	+	+	+	+	+
— — var. *commutata* Grun				+	+	+
— — var. *fallax* Cleve						+
-- — var. *intermedia* Cleve						+
— *viridula* Ktz						+
-- *vulgaris* Heib. (*Vanheurckia*)						+
Nitzschia amphibia Grun						+
— — var. *acutiuscula* Grun						+
— *bilobata* W. Sm						+
— — var. *minor* Grun						+
-- *denticula* Grun						+
— — var. *Delognei* Grun						+
— *dissipata* Grun						+
-- — var. *media* Hantz						+
-- *Frauenfeldii* Grun						+
— *Frustulum* Grun					+	
-- *intermedia* Hantz						+
-- *linearis* W. Sm						+
— — var. *tenuis* Grun						+
— *Palea* W. Sm						+
-- *sigmoidea* W. Sm						+
— *sinuata* Grun. (*Grunowia*)						+
— *spectabilis* Ralfs						+
-- *subtilis* Grun						+
-- *vitrea* Norn						+
-- — var. *recta* Grun						+
Pleurosigma Kützingii Grun						+
— *Spencerii* W. Sm						+
Rhoicosphenia curvata Grun					+	
Rhopalodia gibba O. Müll					+	+
— *gibberula* O. Müll. var. *Vanheurckii* O. Müll						+
— *parallela* O. Müll						+
— *uncinata* O. Müll						+
— *ventricosa* O. Müll						+
Stauroneis acuta W. Sm. (*Pleurostauron*)						+
— *amphilepta* Eh					+	
-- *anceps* Eh				+		+
-- — var. *amphicephala* Ktz						+

	1	2	3	4	5	6
Stauroneis anceps var. *birostris* Eh.	+	+				+
— — var. *gracilis* Eh.						+
— *Phœnicenteron* Eh.	+	+	+	+		+
— — var. *gracilis* J.-B. et M. Per.	+	+	+			
— *Semen* Eh.	+	+				
Stenopterobia anceps de Breb.					+	
Surirella angusta Ktz.				+		+
— *apiculata* W. Sm.						+
— *Bagaulensis* O. Müll.						+
— *bifrons* Eh.						+
— *constricta* Eh.				+		
— *euglypta* Eh.		+				
— *Falklandiæ* Eh.		+				
— *Guatemalensis* Eh.					+	+
— *insularum* Eh.		+				
— *linearis* W. Sm					+	
— — *f*a *lata subconstricta* O. Müll.						+
— *Maluinensis* Eh.		+				
— *microcora* Eh.		+				
— *minuta* Breb.						+
— *ovata* Ktz.						+
— *ovata f*a *mina* Grun.						+
— — *f*a *punctata* O. Müller.						+
— *Patagonica* O. Müller.						+
— *splendida* Eh.		+				+
— — var. *tenera* Greg.					+	+
— *striatula* Turp.		+				+
— — *f*a *punctata* O. Müller.						+
Synedra acus Ktz.						+
— — var. *angustissima* Grun.						+
— — var. *dilicatissima* Grun.						+
— *hyperborea* Grun. var. *flexuosa* Grun						+
— *rumpens* Ktz. var. *fragilarioides* Grun						+
— *Ulna* Eh. var. *danica* V. H						+

TABLE DES ESPÈCES DÉCRITES OU FIGURÉES
PLANCHE 1

BIBLIOGRAPHIE

Abhandlungen der K. Akad. d. Wissenschaft. z. Berlin, 1788-1889.

Annals and Magazine of Natural History, London, 1829-1890.

Monatsberichte der K. Akademie der Wissens. zu Berlin (Ber.).

Microscopical Journal and Structural Record, London, 1841-1843.

De Brebisson et Godey (1838). — *Considérations sur les Diatomées*, Falaise..

J. Brun (1880). — *Les Diatomées des Alpes et du Jura*, Genève.

Astrid Cleve (1900). — *Beiträge zur Flora der Bären Insel*.

P.-T. Cleve (1873). — *On Diatoms from the Arctic Sea*, Stockholm.

— (1894-1895). — *Synopsis Naviculoid Diatoms*, I et II.

— et Grunow (1880). — *Beiträge z. Kennt. der arctischen Diatomeen*.

— et Müller. — *Diatoms* (exsiccata).

Ehrenberg (1838). — *Die Infusionsthierchen*, Leipzig.

— (1843). — *Verbreitung u. Einf. der mik. Leben in S.- u. N.-America*, Berlin.

— (1854). — *Mikrogeologie*, Leipzig.

Gran (1900). — *Norvegian North Polar Expedition*.

Greville (1865-1866). — *Descrip. of n. a. r. Diat. fr. the Tropics*, Edinburgh.

Grunow (1860). — *U. neue o. ungenug. gekannte Algen*, Wien.

— (1863). — *U. einige. n. un. ung. bekannte Arten u. Gatt. o. Diat.*, Wien.

— (1878). — *Algen u. Diat. aus d. Kaspischen Meere*, Dresden.

— (1884). — *Die Diatomeen von Franz Josefs Land*, Wien.

Kirchner (1878). — *Die Algen Schlesiens*, Breslau.

Kunze (1891). — *Revis. genera Plantarum*, II.

Kutzing (1844). — *Die Kieselschaligen Bacillarien o. Diat.*, Nordhausen.

— (1849). — *Species Algarum*, Lipsiae.

Lagerstedt (1873). — *Sötvattens-Diatomaceer fran Spetsbergen*, Stockholm.

Lewis (1865). — *On cntr. a. exep. var. of Diat. in some White Mountain loc.*, Philadelphia.

O. Muller (1895). — *Rhopalodia ein n. Genus d. Bac.*

Nitzsch (1817). — *Beitrag zur Infusorienkunde*, Halle.

Ostrup (1895). — *Marine Diatoms fran Ostgronland*.

— (1897). — *Kyst.-Diatomeer fra Gronland*.

Peragallo, H. et M. (1897-1908). — *Diatomées marines de France*.

Pritchard (1845-1861). — *History of Infusoria-Diatomaceæ*, London.

Rabenhorst (1850-67). — *Die Algen Sachsen* (exsiccata).

— (1882). — *Die Süsswasser-Diatomaceen*, Berlin.

Ad. Schmidt (1874-0000). — *Atlas der Diatomaceen-Kunde*, Aschersleben.

Schumann (1864-1869). — *Preussische Diatomeen*, Königsberg.

W. Smith (1853-1856). — *Synopsis of the Bristish Diatomaceæ*, London.

Tempère et Peragallo (1915). — *Diatomées du monde entier*, II.

De Toni (1890-1894). — *Sylloge Bacillarum*.

Van Heurck (1885). — *Synopsis des Diatomées de Belgique*.

— (1909). — *Résultats du voyage du S. Y. « Belgica »*.

PLANCHE I

PLANCHE 1

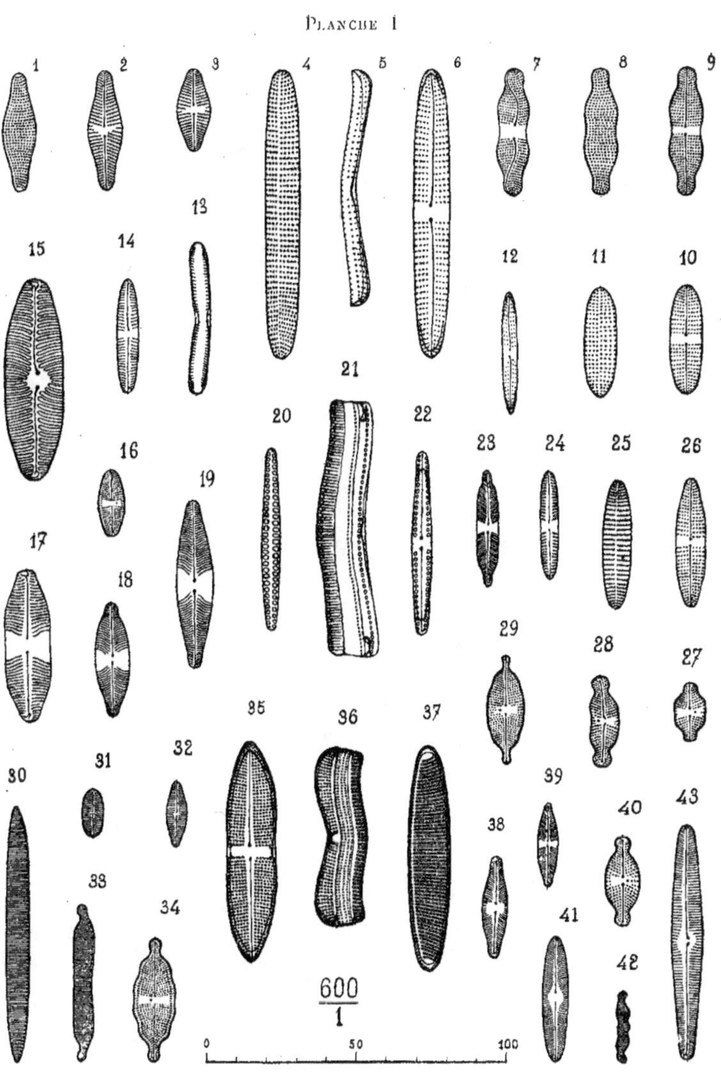

600
1

DEUXIÈME PARTIE

DIATOMÉES D'EAU SALÉE

Les récoltes d'eau salée provenant des régions antarctiques sont beaucoup plus nombreuses que celles d'eau douce, car les voyageurs des régions polaires abordent rarement la terre quand elle n'est pas couverte de neiges ou de glace, aussi notre connaissance des Diatomées marines de ces régions est beaucoup plus étendue que celle des Diatomées d'eau douce.

Les premières récoltes de ces régions ont été rapportées par l'Expédition sous les ordres du capitaine Sir James Clark Ross, en 1840-1843 ; ces récoltes, au nombre de deux, consistant, l'une en fonte de glace de mer, l'autre en un sondage, ont été examinées par Ehrenberg, qui en a publié l'analyse dans les *Monat. Ber. Akad.*, 1844, p. 182, et les dessins des formes dans la *Mikrogeologie*, pl. XXXV, A. xxi et xxii.

Il est intéressant de savoir ce que sont ces formes toutes spéciales qui n'ont guère été retrouvées depuis Ehrenberg et qui ont été plus ou moins mal assimilées ou supprimées par les autres auteurs.

Je donne donc ci-après les deux listes qu'Ehrenberg donne dans sa *Mikrogeologie* accompagnées des figures qui sont les seuls documents que nous ayons pour l'identification. Je donne en même temps l'étymologie actuelle d'après moi, en indiquant les raisons qui ont confirmé mon opinion.

Ehrenberg « Mikrogeologie » (1854).

Planche XXXV, A. xxi.

Meeers Eis Sudpol. — Monatsber. d. Ber. Akad., 1844, p. 186. — Sir James Clark Ross, Voyage in the South and Antarctic Regions, vol. I, p. 347 (1847).

Figures.

1	*Asteromphalus Cuvieri*	=	*Asteromphalus Cuvieri.*
2	— *Hookerii*	= —	*Hookerii.*
3	— *Humboldtii*	—	*Humboldtii.*
4	— *Rossii*	= —	*Rossii.*
5	*Coscinodiscus actinochylus*	=	*Coscinodiscus actinochylus?*
6	— *cingulatus*	—	*cingulatus?*
7	— *Lunæ*	—	*Lunæ? (actinochylus) = C. gemmatulus* Cast.?

Figures.

8	*Dictyocha septenaria*		n'est pas une Diatomée.
9	*Dicladia antennata*)		= *Dicladia antennata?* (Diatomée?).
10	— *bulbosa*) 1844		= *Chætoceros Radiculum* Cast.
11	*Gallionella pileata*)		= *Melosira pileata?*
12	*Halionyx undenarius* (= *duodenarius*)		= *Coscinodiscus adumbratus* Ost.?
13)			
14)	*Hemiaulus antarcticus* 1844		= *Eucampia Balaustium* Cast.
15)			
16	*Symbolophora microstrias* 1844		= *Coscinodiscus symbolophorus*.
17	*Triceratium Pileolus*		= *Hemiaulus Pileolus*.

Janisch (Guano, p. 160) n'assimile pas l'*Asteromphalus Cuvieri* à l'*Hookerii* comme les autres auteurs ; je le considère donc comme distinct.

Schmidt (Atl., pl. 38, f. 18-20) considère l'*Asteromphalus Humboldtii* comme distinct de l'*As. Hookerii* ; moi de même.

Je ne puis assimiler l'*Asteromphalus Rossii* à l'*A. Darwinii* qui a un facies bien différent, ni non plus à l'*A. Brookei* ; c'est pour moi une espèce distincte.

Les *Coscinodiscus actinochylus* et *cingulatus* n'ont pas été retrouvés et je dois les conserver jusqu'à nouvel ordre ; quant au *C. Lunæ*, qu'Ehrenberg distingue dubitativement du *Coscinodiscus actinochylus*, je crois pouvoir l'assimiler au *Coscinodiscus gemmatulus* Castracane (Chall., p. 161, pl. XVII, fig. 9).

Le *Gallionella pileata* me paraît être une cellule de *Corethron* ayant perdu ses soies ; donc provisoirement *Melosira pileata*.

Ralfs considère le genre *Halionyx* comme distinct, tandis que Janish et après lui les autres auteurs assimilent les formes qui le composent à l'*Actinoptychus splendens* var. *halionyx* ; c'est une erreur, car les dessins d'Ehrenberg ne ressemblent nullement à ceux qu'il donne des différentes espèces d'*Actinoptychus*. Ostrup (Marine D. f. O. Gronl., p. 461, pl. VIII, fig. 90) donne, sous le nom de *Coscinodiscus adumbratus*, une forme qui présente tout à fait le même aspect.

Planche **XXXV**, **A.** xxii.

Tiefer Meeresgrund aus 1620 Fuss tiefer in 62° 40′ S. B., 50° W. L. Sud Pol. — Monatsb. d. Ber. Akad., 1844, p. 191. — Sir James Clark Ross, Voy. in the Southern and Antarctic Regions, vol. 1, p. 343 (1847).

Figures.

1)			
2)	*Anaulus scalaris*)		= *Anaulus scalaris*
3	*Coscinodiscus gemmifer*) 1844		= *Coscinodiscus gemmifer.*
4	— *Apollonis*)		= *Charcotia Janus* var. *planus.*
5	*Coscinodiscus subtilis*		= *Coscinodiscus subtilis.*
6	*Discoplea Rota*)		= *Stictodiscus Rota* Gr. (*S. japonicus?*).
7	— *Rotula*) 1844		= — *Rotula* Grev.
8	*Fragilaria pinnatula*)		= *Fragilaria Castracanei* de Toni.
9	— *amphiceros*)		= *Nitzschia lanceolata* fa *minor.*
10	— *biceps*		= *Fragilaria biceps.*

Figures.

11	*Fragilaria turgens*	=	*Fragilaria turgens.*
12	*Gallionella Sol*	=	*Melosira Sol.*
13	*Grammatophora curvata*	=	*Grammatophora arcuata* Eh.
14	— *serpentina*	=	— *serpentina.*
15	*Hemiaulus antarcticus*	=	*Eucampia Balaustium* Cast.
16	*Rhaphoneis Fasciola*	=	*Cocconeis Imperatrix* A. Sch.
17	*Rhizosolenia Calyptra*	=	*Rhizosolenia styliformis* Btw. (*Calyptre de l'endocyst*).
18	— *ornithoglossa*		
19	*Symbolophora Pentas*	=	*Coscinodiscus symbolophorus.*

1844

La description du *Coscinodiscus Apollonis* de Ralfs dans Rattray est erronée : le calcul du nombre de granules (17 en 1 200″) donne 10 granules en 10 µ et non 5 ; c'est le nombre de granules du *Charcotia Janus* var. *planus* qui présente d'ailleurs tous les caractères de la figure d'Ehrenberg.

Le *Stictodiscus Rota* me paraît devoir être assimilé au *Stictodiscus japonicus* (Cast., Chall., p. 119, pl. 1, fig. 2), mais je ne l'ai pas observé.

De même que le *Stictodiscus Rotula* qui est tout à fait semblable au *Stictodiscus affinis* var. (Cast., Chall., pl. XVII, fig. 8).

Le *Fragilaria pinnatula*, insuffisamment décrit et figuré, me paraît être le *Fragilaria Castracanei* de Toni.

Le *Fragilaria Amphiceros* me paraît une petite forme du *Nitzschia lanceolata*; c'est à tort qu'Habirshav l'assimile à la forme du même nom, tout à fait différente pourtant, qu'Ehrenberg donne dans la *Mikrogeologie*, pl. XVIII, f. 77.

Le *Grammatophora curvata* et le *Grammatophora arcuata* Eh., Ber., 1853, p. 528, sont la même espèce; la différence d'aspect résulte de la mise au point et de l'éclairage; le deuxième nom a la priorité.

Ralfs (dans Pritchard, Infus., p. 792) donne une bonne description du *Rhaphoneis fasciolata* et émet l'opinion que c'est un *Cocconeis*. Janish (1862, pl. I, fig. 18 et 20) donne sous le nom de *Rhaphoneis fasciolata* des dessins, bien différents de celui d'Ehrenberg, et qui pourraient se rapporter au *Cocconeis maxima*. De Toni (Syll., p. 710) rapporte cette forme au *Campylodiscus Grevillei*, ce qui est tout à fait inadmissible.

D'après le dessin d'Ehrenberg, l'habitat, et la description de Ralfs, je tiens cette forme pour une valve inférieure de *Cocconeis Imperatrix* A. Sch.

Les *Rhizosolenia Calyptra* et *ornithoglossa* ne me paraissent pas de vrais *Rhizosolenia*, vu la forme de leur partie inférieure, mais, si je les compare et les assimile aux figures 66 et 67 de la planche IV de la *Belgica*, je dois les considérer comme des valves d'endocysts de *Rhizosolenia styliformis* et de sa var. *polydactula*, d'après la figure 75 de la même planche.

Les résultats des voyages ultérieurs ont été relevés et condensés par Van Heurck qui en a donné le tableau dans son ouvrage sur l'expédition de la *Belgica*.

Les récoltes de la première expédition antarctique française avaient été remises à Paul Petit pour être étudiées, mais la mort est venue le surprendre avant qu'il ait pu publier son important travail.

Cependant, au commencement de 1908, ayant terminé les dessins des formes de la *Belgica* qui m'avaient été confiées par M. Van Heurck, et d'accord avec lui, j'ai été communiquer mes dessins à M. Paul Petit, car j'avais appris qu'il avait entrepris l'étude des matériaux rapportés par la première expédition antarctique française ; en mars 1908, M. Van Heurck lui envoyait les planches de son ouvrage.

C'est alors que M. P. Petit fit paraître une très courte note accompagnée d'une planche de dessins parmi lesquels se trouvent quelques espèces manifestement identiques à celles de la *Belgica*. Je maintiendrai donc ici les noms de Van Heurck de préférence à ceux de P. Petit parce qu'ils ont la priorité.

Les matériaux d'eau salée mis à ma disposition pour l'étude des Diatomées sont les suivants :

N° 565. — *Diatomées parmi les algues vertes. Petites mares découvrant à marée basse.* Iles Argentines ; 8 février 1909.

N° 566. — *Diatomées se trouvant parmi les algues vertes dans de petites mares entre les rochers à marée basse.* Iles Argentines ; 8 février 1909.

N°ˢ 571 et 572. — *Diatomées dans de petites mares découvrant à marée basse.* Port-Circoncision (Ile Lund), île Petermann ; 3 février 1909.

Ce sont des récoltes fixées la première au liquide chromo-acétique, la seconde à l'alcool.

N° 573. — *Diatomées dans des mares plus élevées au niveau de la haute mer.* Port-Circoncision ; île Petermann ; 3 février 1909.

N° 577. — *Diatomées filamenteuses en quantité sur les rochers, par trois mètres de fond.* Ile Petermann ; 4 mars 1909.

N° 584. — *Diatomées nombreuses sur tous les rochers et les algues de la plage.* Ile Petermann ; 7 octobre 1909.

N°ˢ 585 et 586. — *Diatomées sur les algues par $0^m,50$ de profondeur à marée basse.* Ile Petermann ; 7 octobre 1909.

N° 635. — *Dragage XIII b.* — En bordure de la côte N.-E. de l'île Petermann, entre Krogueaux (Hovgaard) et Petermann et dans le chenal de Lemaire ; fonds passant de 70 à 40 mètres ; 17 octobre 1909.

N° 636. — *Dragage XIV a.* — Mêmes parages ; fonds de 80 à 50 mètres. Roche et cailloux ; 18 novembre 1909.

N° 789. — *Prise de sol provenant des rookeries de l'île Petermann.* Ile Petermann ; février 1909.

Dragage XVIII. Vase grise et cailloux. — Température de l'eau, au fond : + 0,2 ; profondeur, 75 mètres. Anse O. de la baie de l'Amirauté (Ile du Roi Georges, Shetlands du Sud) ; 27 décembre 1909.

ANALYSE DES RÉCOLTES

Récolte n° 565. — **Diatomées parmi les algues vertes. Petites mares découvrant à marée basse.** Iles Argentines ; 8 février 1909.

Cette récolte consiste en algues vertes recouvertes de *Cocconeis* et après lesquelles sont fixées des chaînes de *Melosira*. Elle contient les espèces suivantes :

Achnanthepyla Groenlandica ? (Cleve) M. Per.
Achnanthes antarctica M. Per
— *Charcotii* M. Per.
Actinocyclus excentricus n. sp.
Amphiprora Belgicæ V. Heurck.
Amphora Bongrainii n. sp.
— *Charcotii* n. sp., a c.
— *Racovitzæ* V. Heurck.
— *turgida* Greg.
— *virgata* Ost.
— — var. *crassa* n. var
Biddulphia granulata Roper., c.
Ceratoneis australis n. sp.
Charcotia minor n. gen., n. sp.
Cocconeis costata Greg., c. c.
— — var. *pacifica.*
— *extravagans* Jan.
— *formosa* J. Br., var. *antarctica* n. var
— *Gautieri* V. Heurck.
— *Imperatrix* A. Sch.
— *paniformis* J. Br.
— *pinnata* Greg. var. *plena* n. var.
— *Schueții* V. Heurck, var. *minor.*
Corethron Murrayanum Cast., a. r.
— *Valdiviæ* Karst., r.
Coscinodiscus Belgicæ n. sp.
— — var. *oculata* n. var.
— *Gainii* n. sp.
— *Oculus-Iridis* Eh.
— — var. *australis* n. var.
— *omphalanthus* Eh. var. *minor* n. var.
— *pacificus* Ratt., var. *australis* n. var.
— *pseudoradiolatus* n. sp.
— *stellaris* Roper.
Fragilaria Bongrainii n. sp.
— *Cylindrus* Grun.
— *islandica* Grun. var. *producta* n. var.
— — var. *stricta* n. var.

Gomphonema Groenlandicum Ost., var. *clusa* n. v.
Hyalodiscus radiatus Grun., var. *arctica.*
Licmophora Belgicæ M. Per., fᵃ *minor.*
Melosira Labuensis Cleve.
— *Sol* Ktz. fᵃ *hungarica* fᵃ n.
— fᵃ *interjecta* n.
— *Van Heurckii* n. sp.
Navicula Capensis n. sp.
— *cristata* n. sp.
— *directa* Rails. c. c.
— *gelida* Grun, c. c.
— *Gourdonii* n. sp.
— *Hahnii* P. Petit var. *stricta* n. var.
— *jejunoïdes* V. Heurck, fᵃ *longissima.*
— *kryokonitis* Cleve c. c.
— *Libellus* Greg.
— *Liouvillei* n. sp.
— *longa* Greg., c. c.
— *Mauriciana* V. Heurck.
— *pseudo-kryokonites* n. sp.
— *Schueții* V. Heurck.
— *Scopulorum* Breb. var. *arctica* Ostr.
— *Senonquei* n. sp.
— *tenella* Breb.
Nitzschia angustissima V. Heurck, var. *delicatula* n. var.
Nitzschia Barbieri n. sp.
— — var. *latestriata* n. var.
— — var. *minor* n. var.
— *dissipata* Grun., var. *antarctica* n. var.
— *dubia* W. Sm., var. *australis* n. var.
— *littoralis* Grun.; var. *australis* n. var.
— *polaris* Grun., var. *antarctica* n. var.
Pleurosigna Kerguelense Grun., var. *robusta* n. var.
Thalassionema gelida n. sp.
Trachyneis Aspera Cleve.
— *oblonga* Bail., h. c.
Tropidoneis Charcotii n. sp.

RÉCOLTE Nº 566. — **Diatomées se trouvant parmi les algues vertes dans de petites mares entre les rochers à marée basse.** Iles Argentines ; 8 février 1909.

Quelques débris d'algues et de crustacés contenant de nombreuses petites formes de *Cocconeis* et quelques *Biddulphia* et *Coscinodiscus.*

Achnanthepyla Bongrainii n. sp.
Achnanthes antarctica n. sp.
— *Charcotii* n. sp.
Amphora Liouvillei n. sp.
— *Proteus* Greg.
— *turgida* Greg.
Biddulphia Belgicæ n. sp.
— *Otto Müllerii* Van Heurck, r.
— *punctata* Grev., var. *subtriundulata* V. H.
— *Van Heurckii* n. sp.

Cocconeis costata Greg. c. c.
— — var. *pacifica.*
— *extravagans* Jan.
— *Gautieri* V. Heurck.
— *Imperatrix* A. Sch., c.
— *paniformis* J. Brun.
— *pinnata* var. *plena* n. var.
— *Schueții* V. Heurck, var. *minor.*
Corethron Murrayanum Cast.
Coscinodiscus actinocycloides n. sp., a. r.

Coscinodiscus asteromphalus Eh., var. *hybrida*.
—   *Belgicæ* M. P., var. *oculata*.
—   *bisinuatus* A. Sch., r.
—   *centralis* Eh., a. r.
—   *Charcotii* n. sp. r.
—   *decrescens* Grun., var. *polaris*, a. r.
—   *Gerlachii* V. Heurck.
—   *Kerguelensis* Karst., r.
—   *Oculus-Iridis* Eh., var. *subspinosa*, a. c
—   —   Eh., var. *subspinosa*,
*f*ᵃ *subbulliens*, r.
Coscinodiscus Rothii Grun.
Coscinodiscus subtilis Eh., r.
Eucampia Balaustium Cast., a. r.
Fragilaria Castracanei de Toni, r.
—   *Charcotii* n. sp.
—   *Cylindrus* Grun.
—   *Islandica* Grun., var. *hyperborea* Ost.
—   —   var. *producta* n. v.
—   —   var. *stricta* n. v.
—   *sublinearis* V. Heurck., var. *ambigua*.
—   *Van Heurckii* n. sp.

Gomphonema Groenlandicum Ost.
Hyalodiscus zonulatus n. sp., r.
Licmophora Belgicæ M. Per., var. *minor*.
Melosira Charcotii n. sp.
—   *Labuensis* Cleve.
—   *Sol* Eh.
—   — *f*ᵃ *interjecta*.
—   *de Wildemanii* V. Heurck.
—   *gelida* Grun.
—   *jejunoides* V. Heurck, *f*ᵃ *longissima*.
—   *Liouvillei* n. sp., c.
—   *tenella* Bub.
Nitzschia Barbieri n. sp.
—   var. *minor*, n. var.
—   *dubia*, var. *australis* n. v
Podosira Montagnei Ktz.
—   var. *minor*.
Stauroneis Charcotii n. sp.
Synedra Charcotii n. sp.
—   *fulgens* Ktz. var.
Trachyneis Aspera Cleve var. *intermedia*.
—   *oblonga* Bail.

RÉCOLTES Nᵒˢ 571 et 572. — **Diatomées dans de petites mares découvrant à marée basse.** Port-Circoncision (île Lund), île Petermann ; 3 février 1909.

Ce sont deux parties de la même récolte, la première conservée dans le liquide chloroacétique, l'autre dans l'alcool. Dans la première, l'endochrome paraît bien fixé et conservé, mais pour l'assurer il aurait fallu l'avoir observé à l'état naturel avant fixation. Dans la seconde. l'endochrome ne présente pas le même aspect et est en partie décomposé.

Ces récoltes consistent presque uniquement en filaments de *Fragilaria*.

Achnanthes Charcotii M. Per.
Cocconeis costata Greg.
—   *Gautieri* V. Heurck, r.
Coscinodiscus Belgicæ M. Per, var. *oculata*, r.
Fragilaria Bongrainii n. sp., c. c.

Fragilaria californica, Grun., var. *antarctica*, n. v., c. c.
—   —   Grun. var. *intermedia*, n. var.
Melosira Borrerii Grev.
—   *Charcotii* n. sp., r.

RÉCOLTE Nᵒ 573. — **Diatomées dans des mares plus élevées au niveau de la haute mer.** Port-Circoncision, île Petermann ; 3 février 1909.

C'est une récolte fixée au liquide chloroacétique et composée presque exclusivement de *Melosira Borrerii* Grev. var.

Fragilaria Bongrainii n. sp.
Melosira Borrerii Grev., var. *australis* n. var., c. c.

Melosira Charcotii, n. sp.

RÉCOLTE Nᵒ 577. — **Diatomées filamenteuses en quantité sur les rochers par trois mètres de fond.** Île Petermann ; 4 mars 1909.

Récolte presque pure de *Fragilaria*, quelques *Achnanthes* et de rares autres espèces.

Achnantes Charcotii n. sp., a. c.
Cocconeis costata Greg., r.
—   *Gautieri* V. Heurck, r.

Cocconeis Imperatrix A. Sch., r.
Corethron Valdiviæ Karst., a. r.
Coscinodiscus lentiginosus Jan., r.

Fragilaria Bongrainii n. sp., c. c.
—   *californica* Grun., var. *antarctica* n. v.
—   *oceanica?* Cleve, r.
Gomphonema Groenlandicum Ost., r.

Licmophora Belgicæ M. Per.
—   var. *minor* n. var., a. c.
—   *gigantea* n. sp., r.
Thalassiosira (Aurivillei? var.) australis n. sp., r.

RÉCOLTE Nº 584. — **Diatomées nombreuses sur tous les rochers, les algues,** Ile Petermann, plage; 7 octobre 1909.

La récolte consiste en un caillou complètement recouvert d'une couche de *Cocconeis*.

Achnanthepyla Bongrainii M. Per.
—   *Gainii* M. Per.
Achnanthes Charcotii M. Per.
Amphora Bongrainii n. sp.
—   *Proteus* Greg.
Charcotia bifrons n. sp.
Cocconeis costata Greg., c. c.
—   var. *pacifica.*
—   *Gautieri* V. Heurck.

Cocconeis Gautieri fª *craticula* n.
—   var. *minor* V. Heurck.
—   *Imperatrix* A. Sch., c.
Fragilaria Bongrainii n. sp.
—   *Castracanei* de Toni.
Navicula directa Ralfs.
—   *jejunoides* V. Heurck.
—   *Senonquei* n. sp.

RÉCOLTES Nᵒˢ 585 et 586. — **Diatomées nombreuses sur les rochers et les algues par 0 m. 50 de profondeur à marée basse.** Plage de l'ile Petermann; 7 octobre 1909

Algues recouvertes de *Cocconeis* et autres espèces épiphytes.

Elle est presque uniquement composée de *Cocconeis Gautieri* V. Heurck. Je ne donnerai qu'une seule liste pour ces deux récoltes qui sont pareilles, à part quelques rares espèces isolées.

Achnanthepyla Brongrainii M. Per.
—   var. *parallela* n. var.
Achnanthes Charcotii M. Per.
Amphora Bongrainii n. sp.
—   *Charcotii* n. sp.
—   *Gourdonii* n. sp.
—   *Petermannii* n. sp.
—   *Proteus* Greg.
Biddulphia Belgicæ M. Per.
—   var. *lata.*
—   *punctata* Grev., var. *subtriundulata* V. H.
Charcotia australis n. sp.
—   *Junus* var. *planus*, n.
Cocconeis costata Greg.
—   var. *pacifica*, c.
—   *extravagans* Jan.
—   *Gautieri* V. Heurck., c. c.
—   var. *maxima.*
—   *Imperatrix* A. Sch., c. c.
—   *Schuettii* V. Heurck, var. *minor.*

Fragilaria (Californica? var.?) Bongrainii n. sp.
—   *Castracanei* de Toni.
—   *Cylindrus* Grun.
Gomphonema Charcotii n. sp., a. c.
—   *Groenlandicum* Ost.
Licmophora Charcotii n. sp.
Melosira Sol Eh.
—   — fª *interjecta.*
Navicula Gourdonii n. sp.
—   *gracilis* Eh., var. *antarctica* n. var.
—   *jejunoides* H. V. Heurck.
Nitzschia dubia W. Sm., var. *australis* n. var.
—   *ovalis* Arnot., var. *antarctica* n. var.
Podosira Montagnei Ktz.
Thalassionema gelida n. sp.
Trachyneis Aspera Cleve, var. *antarctica* n. var.
—   var. *intermedia.*
—   *oblonga* Bail.
Triceratium arcticum Btw., var. *major* n. var.

RÉCOLTE Nº 635. — **Dragage XIII** *b.* — En bordure de la côte N.-E de l'île Petermann, entre Krogueaux (Howgaard) et Petermann et dans le chenal de Lemaire. Fonds passant de 70 à 40 mètres; vase et cailloux. Eau provenant du lavage du dragage; 17 novembre 1909.

Achnanthepyla Bongrainii M. Per.
—   var. *parallela* n. var.
Achnanthes Charcotii M. Per.
Amphora Gourdonii n. sp.
—   *lanceolata* Cleve, var. *aperta* n. var.
—   *Racovitzæ* V. Heurck.
—   *Senonquei* n. sp.
Biddulphia Belgicæ M. Per., var. *lata*.
—   *Otto Müllerii* V. Heurck.
Charcotia Janus M. Per., var. *planus*.
Cocconeis costata Greg.
—   *Imperatrix* A. Sch.
Coscinodiscus devius A. Sch.
—   *Normannii* Greg.
—   *radiosus* Grun.
Grammatophora arctica Cleve.

Hyalodiscus radiatus Grun.
Melosira Sol Eh.
Navicula directa Ralfs.
—   *muticopsis* V. Heurck, var. *capitata*.
—   *rhombica* Greg., var. *Van Heurckii* n. var.
—   *Schuettii* Van Heurck, var. *lævis* n. var.
Nitzschia angularis W. Sm.
Pleurosigma Kerguelense Grun.
Podosira Montagnei Ktz.
—   *Van Heurckii* n. sp.
Pseudo-amphiprora australis n. sp.
Synedra antarctica n. sp., c. c.
Thalassionema gelida n. sp.
Trachyneis Aspera Cleve.
Triceratium articum Blw., var. *Kerguelense*.
—   — var. *Spitsbergensis*.

RÉCOLTE Nº 636. — **Dragage XIV** *a.* Mêmes parages que le dragage XIII *b.* Fonds de 80 à 50 mètres ; roches et cailloux ; 18 novembre 1909.

Débris d'algues avec *Triceratium, Cocconeis, Achnanthes* et *Coscinodiscus.*

Achnanthepyla Bongrainii M. Per., c.
—   — var. *parallela* n. var.
Achnanthes antarctica M. Per.
Achnanthes Charcotii M. Per.
Amphora Charcotii n. sp.
—   *Gourdonii* n. sp.
—   *lanceolata* Cleve.
—   — var. *robusta* n. var.
—   *Petermannii* n. var.
—   *Racovitzæ* V. Heurck.
—   *Senonquei* n. sp.
Biddulphia anthropomorpha Van Heurck.
—   *Belgicæ* M. Per., var. *lata*.
—   *Otto Müllerii* V. Heurck, var. *rotunda*.
—   *Van Heurckii* M. Per.
Charcotia australis n. sp.
Cocconeis costata Greg.
—   *extravagans* Jan.
—   *Imperatrix* A. Sch.
—   — var. *opposita*, n. var.
—   *magnifica* Jan.
—   *Schuettii* Van Heurck.
Coscinodiscus antarcticus V. Heurck.
—   *Kerguelensis* Karst.
—   *Oculus-Iridis* Eh.
—   *radiosus* Grun.
Fragilaria Cylindrus Grun., var. *elongata*.
Gomphonema Charcotii n. sp.
Grammatophora antarctica n. sp.

Grammatophora Charcotii n. sp.
Hyalodiscus Pantocsekii V. Heurck.
—   — var. *lævis* n. var.
Melosira Godfroyi n. sp.
—   *Omma* Cleve, var. *polaris* n. var.
Melosira Sol Eh., c.
—   — fª *interjecta*, n.
Navicula Gainii n. sp.
—   *longa* Ralfs.
—   *Schuettii* V. Heurck, var. *lævis*.
Nitzschia angularis W. Sm.
—   *Mitchelliana* Greenl., var. *australis* n. var.
Pleurosigma Kerguelense Grun.
Podosira Van Heurckii n. sp.
—   — var. *minor* n. var.
Pseudoamphiprora australis n. sp.
Rhoicosigma mediterraneum Cleve, var. *australis* n. var.
Synedra antarctica n. sp.
Thalassionema gelida n. sp.
Trachyneis Aspera Cleve.
—   — var. *intermedia*.
—   *oblonga* Bail.
Triceratium articum Blw., var. *antarctica*.
—   — var. *Charcotii* n. var., c.
—   — var. *Kerguelense*.
—   — var. *major* n. var.
—   *hybridum* Grun, var. *perforata* n. var.

RÉCOLTE Nº 789. — **Prise de sol provenant des rookeries de l'île Petermann**; février 1909. Sable et coquilles.

J'ai traité d'abord les coquilles par brossage et dissolution de la couche superficielle par les acides ; ensuite le sable par flottage d'abord et ensuite par traitement par les acides.

Ce sont les coquilles qui m'ont donné le meilleur résultat, quoique encore bien peu satisfaisant.

Les Diatomées sont en général fragmentées, excepté les petites espèces.

Achnanthepyla Bougrainii M. Per.
    —   — var. *parallela* n. var.
Achnanthes Charcotii M. Per.
Amphora Petermannii n. sp., r.
Anaulus scalaris Eh., r.
Aulacodiscus Ehrenbergii Jan., r.
Biddulphia Otto Müllerii V. Heurck.
    — *punctata* Grev., var. *subtriundulata*.
Charcotia australis n. sp.
    — *bifrons* n. sp.
    — *dispersus* n. sp.
    — *decrescens* n. sp.
    — *minor* n. sp.
    — *Valdiviæ* n. sp.
Cocconeis Charcotii n. sp.
    — *costata* Greg.
    — var. *pacifica*.
    — *Gautieri* V. Heurck.
    — *Imperatrix* A. Sch.

Cocconeis Schuettii V. Heurck, var. *litigiosa*.
Coscinodiscus Belgicæ n. sp.
    — var. *oculata* n. var.
    — *Gerlachii* V. Heurck.
    — *lentiginosus* Jan., r.
    — *lineatus* Eh., r.
    — *Oculus-Iridis* Eh., var. *excentrica* n. var.
Coscinodiscus symbolophorus Grun., r.
Eucampia Balaustium Cast.
Fragilaria Castracanei de Toni.
Licmophora Belgicæ M. Per.
Melosira Sol Eh.
    — *fª Omma*, n.
    — var. *marginalis* n. var.
    — *subhyalina* Van Heurck.
Navicula mutica Ktz., var. *truncata*, c.
Trachyneis Aspera Cleve.
    — *oblonga* Bail., r.
Triceratium arcticum Btw., var. *Charcotii* n. var.

Dragage nº XVIII. — Vase grise, cailloux ; 75 mètres de profondeur ; température de l'eau au fond : + 0,2.

Anse O. de la baie de l'Amirauté (île du Roi Georges, Shetlands du Sud) ; 27 décembre 1909.

Amphora Peragallorum V. Heurck.
Asteromphalus Hookerii Eh., r.
Biddulphia Otto Müllerii.
    — *punctata* Grev., var. *subtriundulata.*
    — *Weissflogii* Jan.
Charcotia Valdiviæ n. sp.
Cocconeis costata Greg.
    — *Imperatrix* A. Sch.
    — *lineata?* Eh., r.
Coscinodiscus antarcticus Grun.
    — *Belgicæ* M. Per.
    — *hyperboreus* Grun.
Coscinodiscus lineatus Eh., r.
    — *radiosus* Grun.

Coscinodiscus symbolophorus Grun.
Eucampia Balaustium Cast.
Fragilaria Castracanei de Toni.
    — *sublinearis* V. Heurck.
Grammatophora undulata Eh.
Licmophora Belgicæ M. Per., var. *minor.*
Melosira Sol Eh.
    — *fª omma*, c.
Navicula viridula Ktz., r.
Nitzschia angularis W. Sm.
Rhizolenia styliformis Btrio.
Rhoicosigma mediterraneum var. *australis.*
Trachyneis Aspera Cleve.
Triceratium arcticum Btw., var. *Charcotii* n. var.

DESCRIPTION SYSTÉMATIQUE DES ESPÈCES OBSERVÉES

Cette description est faite conformément à celle adoptée dans les *Diatomées marines de France*.

A. — RAPHIDÉES

DIATOMÉES HÉTÉROIDES

ACHNANTHÉES

Achnanthepyla.

Achnanthepyla Bongrainii M. Per. — 1re partie, p. 11, pl. I, fig. 4, 5, 6.

Cette espèce, que j'avais classée primitivement parmi celles d'eau douce, se rencontre dans presque toutes les récoltes d'eau salée et quelquefois même en assez grande abondance ; nous devons donc la considérer comme marine.

Achnanthepyla Bongrainii var. **parallela** n. var. — Pl. II, fig. 1.

Longuement bacillaire à extrémités arrondies. Lignes de trois granules fins, légèrement rayonnantes jusqu'aux extrémités.

Longueur 100-110 μ ; largeur 10 μ ; 5 lignes de granules en 10 μ.

Habitat. — Avec le type à l'île Petermann.

Achnanthepyla Gainii M. Per. — 1re partie, p. 11, pl. I, fig. 12.

De même que pour la précédente, cette espèce doit être considérée comme marine.

Habitat. — Île Petermann.

Achnanthepyla Groenlandica (Cleve) M. Per. — 1re partie, p. 10. — *Achnanthidium Groenlandicum* Cleve, Diat. f. Arct. Sea, p. 25, pl. IV, fig. 23. — *Achnanthes Groenlandica* Cleve, Vega, p. 460, pl. 35, fig. 3.

Je n'ai jamais observé de valve supérieure conforme au dessin que donne Cleve (Vega, pl. 35, fig. 3 *b*).

Habitat. — Iles Argentines, île Petermann.

Achnanthes.

Achnanthes antarctica M. Per. — 1re partie, p. 13, pl. I, fig. 25, 26.

Habitat. — Iles Argentines, île Petermann.

Achnanthes Charcotii M. Per. — 1ʳᵉ partie, p. 13, pl. 1, fig. 10, 11.

Habitat. — Commun partout.

Espèce évidemment marine.

Cocconeis.

Cocconeis Charcotii n. sp. — Pl. II, fig. 2.

Valve elliptique à sommets légèrement anguleux. Valve inférieure à raphé droit, mais placé obliquement par rapport à l'axe de la valve, à nodules bien visibles ; aire axiale étroite arrondie autour des nodules et unilatéralement stauronéiforme au nodule médian ; stries distinctement granulées, dont une partie sont renforcées vers les bords de la valve.

Longueur 50 µ; largeur 34 µ; 12 stries, renforcées toutes les 3 ou 4, en 10 µ.

Habitat. — Ile Petermann.

Groupe du Cocconeis costata.

Cleve, dans son *Synopsis naviculoid Diatoms*, 2ᵉ partie, p. 182, réunit au *Cocconeis costata* toute une série de formes qui, tout en présentant des caractères généraux communs, sont en réalité très différentes dans les détails.

Ces caractères généraux consistent en ce que les valves sont couvertes de côtes radiantes qui portent des lignes longitudinales de petits points ou granules très petits ; sur la valve inférieure, ces côtes sont, plus ou moins complètement, interrompues par un area longitudinal ou « sillon » en arc de cercle réunissant les areas des nodules terminaux.

Ces formes étant très nombreuses dans les régions antarctiques, je crois qu'il est utile de les distinguer les unes des autres.

Les différentes formes se caractérisent de la manière suivante :

1° Espèce petite, sillon presque marginal : *Cocconeis costata.*

2° Espèce grande :

Sillon marginal : *Cocconeis Kerguelensis.*

Sillon médian : *Cocconeis Imperatrix.*

Sillon imparfait : *Cocconeis extravagans.*

3° Sillon remplacé par un simple pli : *Cocconeis magnifica.*

Cocconeis costata Greg., Q. J. M., 1855, p. 39, pl. 4, fig. 10. — Per., Diat. mar. de France, p. 10, pl. XI, fig. 10.

Habitat. — Très répandu partout.

Cocc. costata var. **pacifica** V. Heurck, Synops D. Belg., pl. 30, fig. 14, 15. — A. Sch., Atl., pl. 189, f. 12. — Valve plus allongée que le type et à extrémités acuminées.

Habitat. — Commun avec le type.

Cocconeis Kerguelensis P. Petit, C. Horn, p. 116, pl. X, fig. 5.

Habitat. — Kerguelen.

Je n'ai pas trouvé cette espèce dans les récoltes étudiées. Il pourrait se faire qu'elle ne fût qu'une variété du *Cocconeis Imperatrix.*

Cocconeis Imperatrix A. Sch., Atl., pl. 189, fig. 3, 10, 15. — Forme bien différente du *Cocconeis costata* par sa forme plus large, quelquefois presque circulaire, et ses dimensions beaucoup plus grandes. Le sillon est à environ deux tiers du rayon à partir du milieu.
Habitat. — Très répandu sur toutes les algues.

Cocconeis Imperatrix var. **Kerguelensis** n. v. — *Cocconeis costata* var. *Kerguelensis* A. Sch. Atl., pl. 189, fig. 9. — Très large, plus large que long, sillon presque au milieu du rayon. Cette forme se rapproche beaucoup plus du *Cocconeis Imperatrix* que du *Cocconeis costata*.
Habitat. — Kerguelen? (pas indiqué dans A. Schmidt).

Cocconeis Imperatrix var. **opposita** n. var. — Pl. II, fig. 3. — Diffère du type (A. Sch., Atl., pl. 189, fig. 10-15) en ce que les points, ou granules, placés sur les côtes ne sont pas alternés, mais opposés les uns aux autres sur les deux lignes parallèles qu'ils forment; entre le milieu de la valve et le sillon longitudinal, les côtes ne sont marquées que par les deux lignes de granules opposés; de l'autre côté du sillon et les bords de la valve, au contraire, les côtes sont très fortement marquées et portent également deux lignes de petits granules opposés.
Longueur 50 à 80 µ, largeur 40 à 60 µ.
Habitat. — Ile Petermann.

Cocconeis extravagans Janish. — A. Sch., Atl., pl. 189, fig. 28-32.
Habitat. — Iles Argentines, ile Petermann. Commun.

Cocconeis magnifica Janish. — A. Sch., Atl., pl. 189, fig. 34.
Habitat. — Ile Petermann.

Cocconeis formosa J. Brun, Diatomées. Espèces nouvelles (1891), p. 16, pl. XVIII, fig. 6. — A. Sch., Atl., pl. 193, fig. 42-49.

Cocconeis formosa var. **antarctica** n. var. — Tout à fait semblable à la figure 43 de la planche 193 de l'Atlas de A. Schmidt, mais de dimensions plus petites et avec des lignes de granules plus serrées.
Diamètre 38 µ; 7 lignes de granules en 10 µ.
Habitat. — Iles Argentines.

Cocconeis Gautieri Van Heurck, *Belgica*, p. 17, pl. II. — Le *Cocconeis Gautieri* est une espèce très répandue et très abondante dans les récoltes antarctiques, mais la forme la plus répandue et la plus abondante n'est pas celle que Van Heurck donne dans sa figure 30 ni celle qu'il donne dans les figures 31 et 33. Quant à la valve inférieure, elle est si délicate et si rarement séparée de la valve supérieure, les deux valves sont si rapprochées l'une de l'autre que je n'ai pu l'observer d'une façon certaine. Cependant elle est tout à fait semblable aux valves inférieures du *Cocconeis Schuettii* V. H., figurées sous les nos 29 et 32 de la même planche, mais les aréas latérale et circulaires paraissent être beaucoup moins apparentes ou même manquer complètement.

Il en résulterait que l'on pourrait réunir sous une même espèce les *Cocconeis Gautieri* et *Cocconeis Schuettii*.

En résumé, la valve inférieure du *Cocconeis Gautieri* est semblable à celle du *Cocconeis Schuettii*, mais sans area circulaire ni expansion circulaire latérale de l'area centrale ; valve supérieure semblable à la figure 30 de la *Belgica,* mais sans les mouchetures craticulaires ni les plis de l'area circulaire.

Habitat. — Très répandu partout.

Cocconeis Gautieri var. **craticula** n. var. — *Cocconeis Gautieri* V. Heurck, *Belgica*, pl. II. fig. 30.

Habitat. — Ile Petermann.

Cocconeis Gautieri var. **maxima** n. var. — Beaucoup plus grand que le type; atteint 200 μ.

Habitat. — Ile Petermann.

Cocconeis Gautieri var. **minor** n. var.

Longueur 50 à 70 μ.

Habitat. — Ile Petermann.

Cocconeis Gautieri var. **ornata**. — *Cocconeis Gautieri* var. *inornata* Van Heurck, *Belgica*, p. 18, pl. II, fig. 31 et 33. — Caractérisé par un pli circulaire plus ou moins marqué dans l'area circulaire de la valve supérieure.

Habitat. — Cap Tuxen.

Cocconeis lineata Eh., *Mikrogeologie*, pl. XXXIX, 11, fig. 11. — V. Heurck, Synopsis pl. XXX, fig. 31, 32. — Espèce d'eau douce, un seul exemplaire rencontré dans un dragage.

Habitat. — Ile du Roi Georges.

Cocconeis paniformis J. Brun. — A. Schmidt, Atlas, pl. 189, fig. 16-20.

Habitat. — Iles Argentines.

Cocconeis pinnata Greg., M. J., vol. VII (1859), p. 79, pl. 6, fig. 1. — A. Sch., Atl., pl. 189, fig. 1-5. — Per., Diat. mar. de Fr., p. 11, pl. II, fig. 11-15.

Cocconeis pinnata var. **plena** n. var. — Pl. II, fig. 4. — Diffère du type en ce que l'aire axiale de la valve supérieure est beaucoup plus étroite. Les côtes en sont très fortement marquées et l'intervalle entre l'extrémité des côtes et le bord de la valve ne porte pas la ligne crénelée qui existe dans le type.

A. Schmidt représente (Atl., pl. 190, fig. 4) une forme analogue, mais dans laquelle l'area axial est moins étroit et les côtes beaucoup moins fortes. Cleve réunit cette forme au type.

Longueur 37 μ, largeur 26 μ ; 4 côtes en 10 μ.

Habitat. — Iles Argentines.

Cocconeis Schuettii Van Heurck, *Belgica*, p. 18, pl. II, fig. 29. — Comme je l'ai dit à propos du *Cocconeis Gautieri*, ces deux espèces ne me paraissent en faire qu'une seule, la différence consistant presque uniquement en la différence de disposition des bandes de stries de la zone centrale de la valve qui, dans le *Cocconeis Gautieri*, forment des lignes longitudinales ondulées, disposition qui ne se retrouve pas dans le *Cocconeis Schuettii*.

Habitat. — Ile Petermann.

Cocconeis Schuettii var. **litigiosa.** — *Cocconeis litigiosa* V. Heurck, *Belgica*, p. 18, pl. II, fig. 28. — D'après V. Heurck lui-même, le *Cocconeis litigiosa* n'est qu'une variété du *Cocconeis Schuettii*.

Habitat. — Ile Petermann.

Cocconeis Schuettii var. **minor** V. Heurck, *Belgica*, p. 19, pl. II, fig. 32. — De l'examen de frustules entiers de cette forme dans la récolte nº 566, il résulte que le *Cocconeis Japonica* var. *antarctica* V. Heurck (*Belgica*, p. 17, pl. II, fig. 26) est la valve supérieure du *Cocconeis Schuettii* var. *minor* valve inférieure. Cette espèce est en outre munie d'un anneau intérieur dentelé analogue à celui du *Cocconeis pediculus*.

Habitat. — Iles Argentines, ile Petermann.

DIATOMÉES NAVICULOIDES

NAVICULÉES

Mastogloia.

Mastogloia minuta Grunow, M. J., 1857, p. 12, pl. 3, fig. 6. — Per., Diat. mar. Fr., p. 38, pl. 5, fig. 24.

Habitat. — Ile Booth-Wandel.

Navicula.
Orthostichæ.

Navicula kryokonites Cleve, Vega, p. 473, pl. 37, fig. 44. — Gran., N. Pol. Exp., p. 28 pl. 3, f. 9.

Habitat. — Iles Argentines.

Navicula pseudokryokonites n. sp. — Pl. II, fig. 15. — Valve de forme lancéolée à extrémités légèrement atténuées, arrondies. Aire axiale nulle, centrale stauronéiforme évasée. Raphé et nodules très peu visibles ; les pores du nodule central assez éloignés l'un de l'autre et placés vis-à-vis des extrémités des bords du pseudo-stauros. Stries assez visibles, parallèles entre elles et rayonnantes jusqu'aux extrémités de la valve.

Longueur 25-30 µ ; largeur 5 à 6 µ ; 12 à 13 stries en 10 µ.

Habitat. — Iles Argentines.

Ostrup (Marine Diat. f. the Coast of Iceland, p. 354, pl. I, fig. 6) représente une forme assez semblable, mais beaucoup plus finement striée; il la désigne sous le nom de *Navicula kryokonites* var. *islandica*.

Le *Navicula pseudokryokonites* diffère du *Navicula kryokonites* principalement par ses stries rayonnantes.

Mesoleiæ.

Navicula Liouvillei n. sp. — Pl. II, fig. 6. — Valve de forme lancéolée à extrémités coniques. Raphé fin à nodules très petits. Aire axiale nulle, centrale stauronéiforme, les deux ou trois stries médianes étant tout à fait marginales. Stries faiblement radiantes jusqu'aux extrémités.
Longueur 18 à 22 μ ; 12 stries en 10 μ.
Habitat. — Iles Argentines.

Navicula mutica Ktz. var. **truncata** M. Per., 1re partie, p. 17, pl. I, fig. 27
Habitat. — Ile Petermann.

Navicula muticopsis V. Heurck, *Belgica*, p. 12, pl. II, fig. 181.
Navicula muticopsis var. **capitata** M. Per.. 1re partie, p. 17, pl. I, fig. 40.
Habitat. — Ile Petermann.

Microstigmaticæ.

Navicula rhombica Greg., M. J., vol. III (1855), p. 40, pl. IV, fig. 16. — Per., Diat. mar. Fr., p. 64, pl. 8, fig. 10.
Navicula rhombica var. **Van Heurckii** M. Per., *Belgica*, pl. I, fig. 9. — Je désigne ainsi la forme de la *Belgica* (p. 12, pl. I, f. 9) que Van Heurck n'a pas nommée ; elle diffère sensiblement du *Navicula rhombica* Greg. par ses stries centrales très écartées et fortement radiantes, tandis que dans le type elles sont parallèles ; en cela elle se rapproche davantage du *Navicula (Schizonema) Grevillei*.

La forme observée ici est plus large, plus petite, à extrémités moins pointues et, par conséquent, se rapproche encore plus du *Navicula Grevillei*. Cette forme établit le passage au *Navicula Schuettii* V. Heurck.
Longueur 75-115 μ ; 11 à 13 stries en 10 μ.
Habitat. — Ile Petermann.

Navicula Schuetti Van Heurck, *Belgica*, p. 13, pl. I, fig. 10.
Habitat. — Iles Argentines.
Navicula Schuettii var. **lævis**, n. var. — Pl. II, fig. 7. — Diffère du type par l'absence des granules de l'aire centrale et par le moins grand écartement des stries médianes.
Longueur 100 à 130 μ ; 11 stries en 10 μ.
Habitat. — Ile Petermann.
Je donne le dessin de la valve vue du côté du connectif pour montrer la forme particulière des nodules.

Navicula Libellus Greg., Diat. of Clyde, p. 57, pl. 6, fig. 101. — Per., Diat. mar. Franc., p. 64, pl. 8, fig. 11, 12.
Habitat. — Iles Argentines.

Navicula scopulorum Breb. var. **arctica** Ostr. (1910), Diat. f. N.-E. Greenland., p. 203, pl. XIII, fig. 10.
Habitat. — Iles Argentines.

Lineolatæ.

Navicula Bongrainii n. sp. — Pl. 11, fig. 8. — De forme elliptique allongée à extrémités conico-arrondies ; raphé très fin porté sur une carène ; aire axiale nulle d'un côté, de l'autre élargie entre les nodules ; aire centrale elliptique, côtes robustes rayonnantes au milieu de la valve, légèrement convergentes aux extrémités.
Longueur 45-50 µ ; largeur 10 µ ; 6-7 côtes en 10 µ.
Habitat. — Ile Petermann (neige rouge).
La valve très bombée et la forme du raphé et des nodules placent cette forme dans le groupe marin du *Navicula cancellata.*
Grunow (Cleve et Grun., 1880, p. 30, pl. 1, fig. 23) représente une forme qui a le même contour, la même forme d'area axiale, mais qui est finement striée ; il la rapporte au *Navicula palpebralis.*

Navicula capensis n. sp. — Je nomme ainsi la forme qu'A. Schmidt représente dans son Atlas, pl. 47, fig. 12. Sa provenance est du Cap et il ne la nomme pas.
Habitat. — Iles Argentines.

Navicula cristata n. sp. — Pl. 11, fig. 11. — Valve de forme longuement lanceolée aiguë, très convexe, divisée en deux étages par une crête parallèle aux bords ; cette crête est parfois garnie d'une ligne de granules. Raphé en forme de côte ou carène avec des nodules très petits. Côtes fortes, larges, allant jusqu'au raphé, excepté les trois médianes qui, d'un côté, n'arrivent que jusqu'à la crête et, de l'autre, que jusqu'à mi-distance de la crête au raphé ; elles sont très légèrement radiantes au milieu et droites aux extrémités de la valve.
Longueur 100 µ ; 6 côtes et demie en 10 µ, sur toute la longueur de la valve.
Habitat. — Iles Argentines.

Navicula directa Ralfs, Pritch., p. 906. — Sch., Atl., pl. 47, fig. 5. — Per., Diat. mar. Franc., p. 90, pl. 12, fig. 6.
Habitat. — Iles Argentines, île Petermann.

Navicula criophila Castracane, Challenger (sub. *Pinnularia*), p. 26, pl. XV, fig. 2.
Habitat. — Ile Booth-Wandel, île Petermann.

Navicula gelida Grunow, Franz-Jos. Land, p. 103, pl. I, fig. 27, 28.
Habitat. — Iles Argentines.

Navicula Gourdonii n. sp. — Pl. II, fig. 10. — Longuement lancéolée à extrémités coniques. Aire axiale nulle, centrale très petite. Stries rayonnantes progressivement au centre de la valve, où elles sont pas alternativement longues et courtes, puis parallèles entre elles jusqu'aux extrémités où elles sont toujours rayonnantes.

Longueur 50 µ.; largeur 7 µ.; 11 stries en 10 µ. au milieu de la valve, un peu plus serrées aux extrémités.

Habitat. — Iles Argentines, île Petermann.

Ressemble comme forme extérieure et striation à l'espèce (non nommée) représentée par A. Schmidt dans son « Atlas », pl. 47, fig. 14, mais est plus étroite et a ses stries plus serrées.

Navicula gracilis Ehrenberg, Infus., p. 176, pl. 23, fig. 2. — V. Heurck, Synops., p. 83, pl. 7, fig. 7.

Navicula gracilis var. **antarctica** n. var. — Pl. II, fig. 14. — Diffère du type par sa forme lancéolée à extrémités plus aiguës, ses stries médianes plus longues et les terminales moins convergentes.

Longueur 60-70 µ.; 10 stries en 10 µ.

Habitat. — Ile Petermann.

Navicula Hahni P. Petit, Diat. du C. Horn, p. 124, pl. 10, fig. 11.

Navicula Hahnii var. **stricta** n. var. — Pl. II, fig. 12. — Valves de forme fusiforme à extrémités légèrement capitulées. Raphé très fin peu visible, même près des nodules. La structure consiste en deux sillons longitudinaux, de chaque côté du raphé, sans stries transversales visibles.

Longueur 55 µ.; largeur 5 µ.

Habitat. — Iles Argentines.

Navicula jejunoides Van Heurck, *Belgica*, p. 11, pl. II, fig. 12.

Habitat. — Ile Petermann.

Navicula jejunoides fa **longissima** V. H., *Belgica*, p. 11, pl. II, fig. 20.

Habitat. — Iles Argentines.

Navicula longa Ralfs. — Pritch., Inf., p. 906. — A. Sch., Atl., pl. 47, fig. 6, 8-10. — Per., Diat. mar. Franc., p. 90, pl. XII, fig. 1.

Habitat. — Port-Lockroy, îles Argentines, île Petermann.

Navicula Mauriciana Van Heurck, *Belgica*, p. 11, pl. II, fig. 182.

Habitat. — Iles Argentines.

Navicula Senonquei n. sp. — Pl. II, fig. 16. — Valve longuement lancéolée à extrémités coniques. Raphé fin à nodules petits. Aire axiale nulle; centrale arrondie d'un côté, subitement élargie de l'autre, sans être staunonéiforme. Stries radiantes jusqu'aux extrémités.

Longueur 30-35 µ.; 10 stries au milieu, 11 vers les extrémités, en 10 µ.

Habitat. — Iles Argentines.

E. Ostrup décrit et figure (Freshwater Diat. fr. the Feroë, p. 269, fig. 35) une forme moins élancée qui a la même structure. Il la rapporte avec doute au *Navicula peregrina* var. *Menisculus.*

Navicula tenella Breb. — Kützing, Spec. Alg., p. 74. — Pritch., Inf., p. 904. — *Nav. radiosa* var. *tenella* V. H., Syn., p. 84, pl. 7, fig. 21.

Habitat. — Iles Argentines.

Navicula viridula Kützing, Bac., p. 91, pl. 30, fig. 47. — V. Heurck, Syn. p. 84, pl. 7, fig. 25. — Per., Diat. mar. Franc., p. 95, pl. 12, fig. 24.

Habitat. — Ile du Roi Georges.

Marinæ.

Navicula quadratarea A. Sch., N. Diat., p. 90, pl. 11, fig. 26. — Per., Diat. mar. Franc., p. 86, pl. 11, fig. 8, 9. — *Navicula Pinnularia* Cleve, 1862, p. 224, pl. 4, fig. 1, 2.

Navicula quadratarea var. **antarctica** n. var. — Pl. 11, fig. 9. — Valve de forme bacillaire allongée à extrémités arrondies. Aire axiale nulle ; centrale transversale rectiligne. Stries parallèles jusqu'aux extrémités.

Longueur 82 μ ; 7 à 8 stries en 10 μ au milieu de la valve, un peu plus serrées aux extrémités.

Diffère du type par sa forme plus allongée et ses stries plus écartées.

Habitat. — Ile Petermann.

Lyratæ.

Navicula Gainii n. sp. — Pl. 11, fig. 13. — Valve largement elliptique, un peu rhomboïdale. Raphé fin mais bien visible, les pores du nodule central ronds et assez éloignés l'un de l'autre ; les nodules terminaux grands, en faucilles tournées du même côté. Aire axiale sensible ; centrale élargie en travers elliptiquement. Stries composées de points fins, bien visibles, rapprochés les uns des autres près des bords de la valve, s'écartant ensuite progressivement et irrégulièrement pour former des lignes ondulées, puis des points épars, se resserrant ensuite vers le raphé le long duquel ils forment une simple ligne de granules serrés. En résumé, c'est la structure du *Navicula prætexta*, mais dont la zone marginale striée est très faible et sa limite très indécise et dont les stries près du raphé sont réduites, en général, à un seul granule.

Longueur 80 μ ; largeur 50 μ ; 14 à 15 stries en 10 μ.

Habitat. — Ile Petermann.

Espèce intermédiaire entre le *Navicula prætexta* Eh. et le *Navicula oscitens.*

Stauroneis.

Stauroneis Charcotii n. sp. — Pl. 11, fig. 17. — Valve longuement elliptique ou légèrement biconique à extrémités largement arrondies, légèrement rétrécies au stauros qui est étroit, linéaire et déprimé. Raphé presque invisible dans un sillon ; pores du nodule central très petits, ceux des extrémités bien visibles et pas tout à fait aux extrémités de la valve. Structure invisible.

Longueur 40-50 μ; largeur 5 μ.

Habitat. — Iles Argentines.

Cette espèce est semblable au *Stauroneis pachycephala* Cleve (1881) (N. a. little Kn. Diatoms, p. 15, pl. 3, fig. 43) de l'Afrique du Sud; elle en diffère principalement par ses extrémités, non capitées et par ses nodules terminaux non tournés en sens contraires.

Trachyneis.

Trachyneis Aspera Cleve, Syn. Nav. Diat., 1 (1894), p. 191. — Per., Diat. mar. Franc. p. 150, pl. 29, fig. 1, 2. — *Navicula Aspera* Eh., Mic., pl. 35, A, XX, fig. 5.

Habitat. — Cap. Tuxen, île Petermann, Port-Lockroy, îles Argentines, île du Roi Georges.

Trachyneis Aspera var. antarctica n. var. — Pl. 11, fig. 5. — Ressemble à la variété *intermedia*; en diffère par sa taille plus petite, ses extrémités plus largement arrondies, ses stries courbes et moins distinctement granulées et par son raphé porté sur une carène.

Longueur 70-80 μ; 7 stries en 10 μ au milieu de la valve, un peu plus serrées aux extrémités

Habitat. — Ile Petermann.

Trachyneis Aspera var. intermedia Cleve, Syn. Nav. Diat., 1, p. 192. — Per., Diat. mar Franc., p. 150, pl. 29, fig. 3, 4.

Habitat. — Ile Petermann, îles Argentines.

Trachyneis Aspera var. minuta Per., Diat. mar. Franc., p. 150, pl. 29, fig. 7.

Habitat. — Ile Booth-Wandel.

Trachyneis Clepsydra (Donk.) Cleve, Syn. Navic. Diat., 1, p. 192. — Per., Diat. mar. Franc., p. 151, pl. 29, fig. 11, 12. — *Navicula Clepsydra* Donkin, M. J., 1861, p. 8, pl. 1, fig. 3.

Habitat. — Ile Petermann.

Trachyneis oblonga Per., Diat. mar. Franc., p. 151, pl. 29, fig. 13. — *Stauroneis oblonga* Castr., Chall. Exp., p. 24, pl. 20, fig. 7-11.

Habitat. — Ile Petermann, îles Argentines.

Pseudoamphiprora.

Pseudoamphiprora australis n. sp. — Pl. III, fig. 13. — Très grand. Valve très longuement lancéolée à extrémités pointues. Raphé caréné, comme dans les *Amphiprora* à nodule central elliptique. Chaque partie de la valve est séparée, par un sillon longitudinal, en deux parties qui ont une structure légèrement différente ; un pli longitudinal sépare également en deux parties celles qui avoisinent le raphé, qui est ainsi surélevé par rapport à la valve elle-même ; structure valvaire formée de stries fines parallèles ; dans les parties voisines du raphé, les stries médianes manquent, formant ainsi, entre le raphé et le sillon longitudinal, un pseudo-stauros, assez large, à bords parallèles ; dans les parties extérieures, la striation est plus fine et n'est pas interrompue au milieu de la valve.

Longueur 240 μ; largeur 24 μ ; 16 stries en 10 μ dans les parties médianes de la valve, 18 à 20 en 10 μ dans les parties extérieures.

Habitat. — Ile Petermann.

PLEUROSIGMÉES

Pleurosigma.

Pleurosigma Kerguelense Grunow. — Cleve et Grunow (1880), Arct. D., p. 49. — Per. Mon. Pleur., p. 5, pl. 2, fig. 1.
Habitat. — Ile Petermann.

Pleurosigma Kerguelense var. **robusta** n. var. — Diffère du type par sa taille plus petite et sa striation plus robuste et plus écartée.
Longueur 230 à 250 µ ; 10 stries en 10 µ.
Habitat. — Ile Petermann.

Rhoikosigma.

Roikosigma mediterraneum Cleve., M. J., 1877, p. 182. — N. L. K. D., p. 6, pl. 1, fig. 9. — Per., Mon. Pl., p. 32, pl. 29, fig. 32.

Rhoikosigma mediterraneum var. **australe** n. var. — Diffère de la figure 32 de la planche 29 de la Monographie des *Pleurosigma* par son raphé plus central et ses stries moins serrées.
Longueur 170 µ ; 17 stries en 10 µ.
Habitat. — Ile Petermann.

GYMBELLÉES

Amphora (Amphora).

Amphora Bongrainii n. sp. — Pl. 11, fig. 22. — A l'aspect général de l'*Amphora ovalis*; s'en distingue cependant, non seulement par son habitat marin, mais aussi par la forme des extrémités de sa face valvaire qui sont légèrement proéminentes par rapport au bord ventral, et par son nodule central dans lequel les pores sont peu visibles et non récurvés ; en outre, du côté dorsal, les stries laissent une aire axiale notable et une aire centrale arrondie. Stries fortement granulées coupées par un sillon.
Longueur 40-50 µ ; 10 stries en 10 µ.
Habitat. — Iles Argentines, ile Petermann.

Amphora Gourdonii n. sp. — Pl. 11, fig. 23. — Valve longuement cymbiforme à extrémités largement arrondies, proéminentes du côté de la face ventrale. Raphé biarqué. Aire axiale, dorsale, notable, largement arrondie autour du nodule médian. Striation composée de deux lignes de granules dont la première est interrompue en face du nodule médian pour former l'area central, puis un sillon parallèle au bord dorsal et enfin des stries granulées, prolongement des granules ; la face ventrale porte une ligne de courtes stries, interrompue devant le nodule médian ; ses stries sont, au milieu, rayonnantes vers le nodule médian et convergentes aux extrémités.

Longueur 60-70 μ ; 9 stries en 10 μ.

Habitat. — Ile Petermann.

Amphora Charcotii n. sp. — Pl. II, fig. 24, 25. — Valves arquées à extrémités arrondies, divisées en deux parties inégales par un sillon légèrement arqué plus rapproché du bord ventral que du bord dorsal. Stries, formées de granules allongés, très légèrement rayonnantes, perpendiculaires au sillon. Ligne de granules à la partie ventrale de la valve, manquant devant le nodule médian.

Longueur 60-70 μ ; largeur 8-10 μ ; 9 stries en 10 μ.

Habitat. — Iles Argentines, île Petermann.

Nous avons représenté dans les Diatomées marines de France, pl. 46, fig. 21, et pl. 47, fig. 12 deux formes tout à fait analogues, mais il ne leur a pas été donné de noms.

Amphora Petermannii n. sp. — Pl. II, fig. 20. — Semblable à l'espèce représentée par A. Schmidt (Atlas, pl. 27, fig. 44) provenant du Spitzberg ; en diffère par la présence d'un sillon placé au milieu de la valve et limitant la partie dorsale fortement striée ; une ligne de perles accompagne ce sillon du côté du raphé ; elle est reliée par des perles, en arc de cercle, autour du nodule médian, à un rang de perles accompagnant un pli placé contre le raphé. La partie ventrale de la valve porte également un rang de perles, ou courtes stries, interrompu devant le nodule médian.

Longueur 60-70 μ ; 9 stries en 10 μ.

Habitat. — Ile Petermann.

Une forme analogue, qui ressemble encore davantage à l'espèce de A. Schmidt, est l'*Amphora Wandelensis* P. Petit, de la première Expédition antarctique française, p. 2, fig. 3, qui, comme l'espèce du Spitzberg, a 7 stries en 10 μ, et qui ; pour les mêmes raisons, se distingue de l'*Amphora Petermannii*.

Amphora Proteus Gregory, Diat. Clyde, p. 518, pl. 13, fig. 81. — Per., Diat. mar. Franc., p. 200, pl. 44, fig. 24-27.

Habitat. — Ile Petermann, Port-Lockroy, îles Argentines.

Amphora Racovitzæ Van Heurck, *Belgica*, p. 8, pl. I, fig. 1 et 3.

Habitat. — Ile Petermann.

Amphora Racovitzæ var. **minor**, n. var. — Diffère du type par ses plus petites dimensions et ses côtes beaucoup plus serrées.

Longueur 30 à 35 μ ; 10 stries en 10 μ.

Amphora Senonquei n. sp. — Pl. II, fig. 21. — Valve cymbiforme à extrémités largement arrondies. Raphé biarqué ; aire axiale dorsale nulle, excepté autour du nodule central ;

structure dorsale floue, formée de côtes radiantes grossièrement granulées ; portion véntrale large garnie d'une ligne de gros granules.

Longueur 40 μ ; largeur 7 μ ; 7 côtes en 10 μ.

Habitat. - - Ile Petermann.

Amphora virgata Ostrup (1910), Diat. f. N.-E. Greenl., p. 210, pl. XIII, fig. 12.

Habitat. — Iles Argentines.

Amphora virgata Ost. var. **crassa** n. var. — Forme semblable à l'espèce d'Ostrup, mais proportionnellement plus large, plus trapue.

Longueur 40-50 μ ; largeur 11-14 μ ; 10 stries en 10 μ.

Habitat. - - Iles Argentines.

Dilpamphora.

Amphora Peragallorum Van Heurck, *Belgica*, p. 7, fig. 2.

Habitat. - Sondage ; ile du Roi Georges.

Halamphora.

Amphora turgida Gregory, Diat. Clyde, p. 510, pl. 12, fig. 63. - Per., Diat. mar. Franc., p. 231, pl. 50, fig. 33.

Habitat. — Iles Argentines.

Cymbamphora.

Amphora lanceolata Cleve, Diat. f. Spitz., p. 667, pl. XXIII, fig. 2.   Je considère cette espèce comme distincte de l'*Amphora angusta* Greg. (Diat. Clyde, p. 510, pl. XXII, fig. 66). Cleve, il est vrai (Syn. nav. Diat., II, p. 135), la réunit à cette espèce en la joignant à l'*Amphora ventricosa* Greg. (*id.*, fig. 68) sous le nom d'*Amphora augusta* var. *ventricosa*, mais l'*Amphora ventricosa* lui-même est totalement différent de l'*Amphora angusta* et les deux figures (68 et 68 *b*) que Gregory donne de la face ventrale de cette espèce sont si différentes l'une de l'autre qu'elles ne permettent pas une identification certaine.

Il en résulte que l'*Amphora angusta* var *angustissima* Van Heurck (*Belgica*, p. 6, pl. I, fig. 5) devient *Amphora lanceolata* var. *angustissima*.

Habitat. — Ile Petermani .

Amphora lanceolota var. **aperta** n. var. - Pl. II, fig. 26. - Valve à bord ventral rectiligne ; raphé sensiblement parallèle au bord ventral, la partie médiane un peu plus éloignée de ce bord que les extrémités ; pores du nodule central et ceux des extrémités légèrement récurvés vers la partie dorsale ; aire axiale nulle du côté ventral et sensible du côté dorsal ; aire centrale stauronéiforme du côté ventral par suite de l'absence de deux granules, largement arrondie du côté dorsal par le raccourcissement des trois stries médianes dorsales. Structure formée, du côté ventral, d'une ligne de granules ronds le long du raphé et, du côté dorsal, de stries larges légèrement rayonnantes du centre aux extrémités et n'atteignant pas le raphé.

Longueur 85 μ ; largeur 10 μ ; 7 stries ou granules en 10 μ.

Habitat. — Ile Petermann.

Amphora lanceolata var. **robusta** n. var. - Pl. II, fig. 27. — Semblable à l'*Amphora angusta* (*lanceolata*) var. *angustissima* Van Heurck (*Belgica*, p. 6, pl. I, fig. 5), mais plus massive, à costulation plus forte et plus écartée, surtout à la partie ventrale à aires axiale et surtout centrale plus développées.

Longueur 105 μ.; 7 côtes à la partie ventrale et 5,5 à 6 à la partie dorsale en 10 μ.

Habitat. — Ile Petermann.

Amphora Liouvillei n. sp. — Pl. II, fig. 28. — Frustule panduriforme à nodules central et terminaux bien visibles ; à structure invisible.

Longueur 50 μ.; largeur au milieu 8 μ.; la plus large 10 μ.

Habitat. — Iles Argentines.

GOMPHONEMÉES

Gomphonema.

Gomphonema Charcotii sp. n. — Pl. II, fig. 18. — Elancé, partie inférieure longuement conique, partie supérieure longuement elliptique ; raphé fin peu visible à pores petits ; aires larges, coniques diminuant progressivement du centre aux extrémités ; structure dissymétrique formée de stries rayonnantes jusqu'aux extrémités, presque marginales, plus longues et plus espacées d'un côté que de l'autre.

Longueur 40 μ.; largeur médiane 5 μ. ; stries au nombre de 9 d'un côté, de 11 de l'autre en 10 μ.

Habitat. — Ile Petermann.

Gomphonema Groenlandicum Ostrup. O. Gro., p. 414. pl. 3, fig. 8, 11, 12. — *Gomphonema Kamtschaticum* Ost. var. *groenlandicum* Ost., Kyst., p. 317. — A cause de la dissimilitude de la striation des deux côtés de la valve, je considère le *Gomphonema Groenlandicum* tout à fait distinct du *Gomphonema Kamtschaticum*.

Habitat. — Iles Argentines, ile Petermann.

Gomphonema Groenlandicum var. **clusa** n. var. — Pl. II, fig. 19. — De forme générale conique à extrémité supérieure largement arrondie. Raphé fin et peu visible. Aire axiale lancéolée d'un côté, très étroite de l'autre, où elle s'élargit circulairement autour du nodule médian. Stries faiblement radiantes jusqu'aux extrémités et courbes à la partie supérieure de la valve. Lumen développé à la partie supérieure de la valve.

Longueur 54 μ. ; 10 stries en 10 μ. à la partie moyenne de la valve, plus serrées aux extrémités.

Habitat. — Iles Argentines.

Gomphonema pachycladum de Brebiss., Consp. c. Diat., p. 21. — V. Heurck, Synop., pl. 25, fig. 31,32.

Habitat. — Port-Lockroy, île Petermann.

DIATOMÉES TROPITOIDES

Amphiprora.

Amphiprora Belgicæ Van Heurck, *Belgica*, p. 14, pl. I, fig. 15. — *Amphiprora frigida*
P. Petit, Première Expédition ant. franc., p. 3, pl. 1, fig. 4.
Habitat. — Iles Argentines.

Tropidoneis.

Tropidoneis Charcotii sp. n. — Pl. III, fig. 1. — Carène peu proéminente à constriction
médiane peu prononcée et à extrémités brusquement recourbées vers la face ventrale en
forme de bec conique pointu. Stries fines très atténuées au milieu de la partie médiane de la
valve vers les bords ; sur la carène elles sont renforcées de deux en deux. Face valvaire
inconnue.
Longueur 100 μ ; 10 stries en 10 μ.
Habitat. — Iles Argentines.

DIATOMÉES SURIRELLOIDES

Campylodiscus.

Campylodiscus Thuretii de Brébisson, D. C., pl. I, fig. 3. — V. Heurck, Synop., p. 190,
pl. 77, fig. 1. — Per., Diat. mar. Franc., p. 247, pl. 57, fig, 4-9.
Habitat. — Ile Booth-Wandel.

DIATOMÉES NITZSCHIOIDES

NITSCHIA

Tryblionella.

Nitzschia granulata Grun. var. **gelida** n. var. — Pl. III, fig. 22. — De forme elliptique plus
ou moins allongée ; lignes de gros granules un peu courbes vers les extrémités, laissant, vers le
milieu de la valve, un pseudo-raphé sensible et se terminant sur le bord par un point carénal;
en dehors de la valve on aperçoit une ligne de points beaucoup plus fins qui borde la base
de la valve.
Longueur 25-35 μ ; largeur 10 μ ; 6 points carénaux et lignes de granules en 10 μ.
Habitat. — Ile Petermann (sur la neige rouge).

Nitzschia littoralis Grunow. — Cleve et Grunow, 1880, p. 75. — Van Heurck, Syn., pl. 59,
fig. 1-3. — Per., Diat. mar. Franc., p. 267, pl. 69, fig. 15-18.
Nitzschia littoralis var. **australis** n. var. — Pl. III, fig. 19. — Valve légèrement contractée au
milieu, à extrémités atténuées et légèrement prolongées arrondies. Points carénaux peu
définis. Stries interrompues par une aire lisse longitudinale au milieu de la valve.
Longueur 40 μ ; 10 points carénaux et environ 20 stries en 10 μ.
Habitat, — Iles Argentines.

Bilobatæ.

Nitzschia Mitchelliana Greenleaf. — Bos., J. N. H., 1865, p. 107. — Cleve et Grun., 1880, p. 80, pl. 5, fig. 97.

Nitzschia Mitchelliana var. **australis** n. var. — Pl. III, fig. 23. — Diffère du type par sa taille plus grande, ses points carénaux plus réguliers comme écartement et comme longueur et ses stries peu visibles quoique moins fines.

Longueur 140 μ ; 3,5 points carénaux et environ 20 stries en 10 μ.

Habitat. — Ile Petermann.

Dubiées.

Nitzschia dubia W. Smith, Brit. Diat., 1, p. 41, pl. 13, 14, fig. 112. — Per., Diat. mar. Franç., p. 274, pl. 70, fig. 30.

Nitzschia dubia var. **australis** n. var. — Pl. III, fig. 17, 18. — Vue valvaire légèrement panduriforme, à extrémités fortement atténuées, rostrées. Carène biarquée présentant un nodule central elliptique très apparent et des nodules terminaux arrondis. La plus grande face de la valve montre la carène légèrement biarquée, le bord ventral légèrement creusé s'infléchissant ensuite, par une forte courbe, vers les extrémités, qui, atténuées et dans le prolongement de la carène, sont récurvées vers le bord ventral. Points carénaux allongés formés par l'épaississement d'une strie, manquant à la partie médiane de la valve, où la carène porte un nodule central.

Longueur 90-100 μ; largeur médiane 10-12 μ ; 9 à 10 points carénaux et environ 20 stries en 10 μ.

Habitat. — Iles Argentines, ile Petermann.

Dissipatæ.

Nitzschia dissipata Grunow. — Cleve et Grun., 1880, p. 90. — V. Heurck, Synops., p. 178, pl. 63, fig. 1. — *Synedra dissipata* Kützing., Fl., p. 50.

Nitzschia dissipata var. **antarctica** n. var. — Pl. III, fig. 14. — Semblable au *Nitzschia dissipata* var. *media*, mais avec des extrémités plus longuement atténuées et des points carénaux irréguliers et bien apparents.

Longueur 38 μ; 7 à 8 points carénaux en 10 μ.

Habitat. — Iles Argentines.

Spathulatæ.

Nitzschia angularis W. Smith, Brit. Diat., 1, p. 40, pl. 13, fig. 117. — Per., Diat. mar. Franç., p. 284, pl. 76, fig. 6-7.

Habitat. — Ile Petermann, ile du Roi Georges.

Lanceolatæ.

Nitzschia angustissima Van Heurck. *Belgica*, p. 20, pl. III, fig. 59.

Nitzschia angustissima var. **delicatula** n. var. — Pl. III, fig. 24. — Semblable à la forme de Van Heurck, mais plus délicate, plus étroite, à extrémités pointues et à structure plus fine.

Longueur 68 μ ; 12 points carénaux en 10 μ au milieu de la valve, 14 aux extrémités; les points du bord opposé de la valve environ deux fois plus serrés et difficilement visibles.

Habitat. — Iles Argentines.

Nitzschia Barbieri n. sp. — *Nitzschia Ostenfeldii* Van Heurck var. *minor* Van Heurck, *Belgica*, p. 22, pl. III, fig. 177. Van Heurck admet cette forme comme une variété du *Nitzschia Ostenfeldii* (*id.*, p. 22, pl. III, fig. 178); cependant ces deux formes sont essentiellement différentes. La plus grande (*Nitzschia Ostenfeldii*) est plus finement striée que la plus petite et a un point carénal pour deux stries, tandis que la plus petite en a un pour chaque strie.

Longueur 75 à 100 μ; 10 points carénaux et 10 stries en 10 μ.

Habitat. — Iles Argentines, ile Petermann.

Nitz. Barbieri var. **latestriata** n. var. — Pl. III, fig. 21. Diffère du type par ses extrémités arrondies, sa striation plus robuste et plus écartée. Points carénaux très visibles.

Longueur 50 à 60 μ; 8 points carénaux et stries en 10 μ.

Habitat. — Iles Argentines.

Nitzschia Barbieri var. **minor** n. var. — Pl. III, fig. 20. — Plus petit que le type, plus trapu et à extrémités moins aiguës. Points carénaux plus visibles.

Longueur 30 à 70 μ ; 9 points carénaux et stries en 10 μ.

Habitat. — Iles Argentines.

Nitzschia ovalis Arnott. — Cleve et Grunow (1880), p. 95, pl. 5, fig. 103. — V. Heurck, Syn., pl. 69, fig. 36.

Nitzschia ovalis var. **antarctica** n. var. — Pl. III, fig. 15. — Diffère du type par sa forme plus longuement elliptique, ses dimensions plus grandes et ses points carénaux plus écartés.

Longueur 38 μ ; 9 points carénaux en 10 μ.

Habitat. — Ile Petermann.

Nitzschia polaris Grunow, Fr. Jos. Land., p. 54, pl. 1, fig. 62, 63. — Cleve, Vega, p. 480, pl. 38, fig. 72.

Nitzschia polaris var. **antarctica** n. var. — Pl. III, fig. 16. — Valve linéaire à extrémités atténuées et largement arrondies. Carène droite, légèrement déprimée au milieu de la valve, où les points carénaux manquent, et légèrement arquée aux deux extrémités. Points carénaux ronds et très visibles, assez irrégulièrement espacés et manquant au milieu de la valve. Stries invisibles.

Longueur 56 μ; largeur 5 μ; 6 à 7 points carénaux en 10 μ.

Habitat. — Iles Argentines.

B. — PSEUDO-RAPHIDÉES

DIATOMÉES FRAGILAROIDES

Ceratoneis.

Ceratoneis australis n. sp. — Pl. III, fig. 12. — Valve de forme longuement lancéolée, à extrémités arrondies et renforcées. Striation dissymétrique, marginale, laissant au milieu de la valve un aréa très développé, stauronéiforme d'un seul côté; à cet endroit, le bord de la valve est renforcé et forme un arc de cercle légèrement proéminent à l'extérieur.

Longueur 54 µ; largeur 7 µ; 15 stries en 10 µ.

Habitat. — Iles Argentines.

Ceratoneis australis var. **gracilis** n. var. — Pl. III, fig. 11. — Diffère du type par sa forme longuement bacillaire, ses extrémités légèrement atténuées et ses stries plus courtes, marginales.

Longueur 70 µ; largeur 6 µ; 17 stries en 10 µ.

Habitat. — Iles Argentines.

Cette espèce établit le passage entre le genre *Ceratoneis* et le genre *Fragilaria*.

Fragilaria.

Fragilaria Bongrainii n. sp. — Pl. III, fig. 2, 3. — Valve biconique à extrémités arrondies. Stries transversales parallèles manquant au milieu de la valve sur une assez grande étendue ; pas de pseudo-raphé apparent.

Longueur 82 µ; largeur 8 µ; 12 stries en 12 µ.

Habitat. — Iles Argentines.

Diffère du *Fragilaria Californica* var. *antarctica* par sa forme plus allongée et par le manque total des stries de la partie médiane de la valve, qui, dans cette variété et dans le type, sont simplement moins visibles.

Fragilaria Californica Grunow, *in* V. Heurck, Synops., pl. 44, fig. 13.

Fragilaria Californica var. **antarctica** n. var. — Pl. III, fig. 6. — Diffère du type par sa plus grande longueur et sa forme plus élancée, ainsi que par ses stries parallèles.

Longueur 60 µ; 15 stries en 10 µ.

Habitat. — Ile Petermann, île Booth-Wandel, île Jenny.

Fragilaria Californica var. **intermedia** n. var. — Forme intermédiaire entre le type et la var. *antarctica*.

Habitat. — Ile Petermann.

Fragilaria Castracanei de Toni, Sylloge Alg. Diat., p. 687. — **Fragilaria antarctica** Castracane, Challenger Exp., p. 56, pl. 25, fig. 14.

Habitat. — Iles Argentines, île Petermann, Port-Lockroy, île du Roi Georges.

Fragilaria Charcotii n. spec. — Pl. III, fig. 5. — Valve longuement elliptique, à extrémités rostrées, capitées. Pseudo-raphé invisible. Stries transversales faibles, non visiblement granulées, laissant au centre de la valve un aréa elliptique touchant les bords et dont la longueur est d'environ un tiers de celle de la valve.

Longueur 60-65 μ; largeur 8 μ; 14 à 15 stries en 10 μ.

Habitat. — Iles Argentines.

Fragilaria cylindrus Grunow, *in* Cleve, Vega, p. 484, pl. 37, fig. 64. — Grun., 1884, p. 55, pl. 2, fig. 13.

Habitat. — Port-Lockroy, îles Argentines, île Petermann.

Fragilaria Islandica Grunow, *in* V. Heurck, Syn. Diat. Bel., pl. 45, fig. 37.

Fragilaria Islandica var. **hyperborea**. — Ostrup, Diat. N.-E. Greenl., p. 220, pl. XIII, fig. 25.

Habitat. — Iles Argentines.

Fragilaria Islandica var. **producta**. — Pl. III, fig. 7. — Diffère de la var. *hyperborea* Ost. en ce que ses extrémités sont allongées et capitées.

Longueur 80-90 μ; 12 stries en 10 μ.

Habitat. — Iles Argentines.

Fragilaria Islandica var. **stricta** n. var. — Pl. III, fig. 8. — Très longuement lancéolée, à extrémités légèrement prolongées. Stries très courtes presque marginales laissant au milieu de la valve un aréa des plus développé.

Longueur 100 μ; largeur médiane 6 μ, des extrémités 3 μ; 14 stries en 10 η.

Habitat. — Iles Argentines.

Fragilaria oceanica Cleve 1873, p. 22, pl. 4, fig. 25. — Grunow, Franz. Jos. Land., p. 55, pl. 2, fig. 14.

Habitat. — Ile Petermann.

Fragilaria sublinearis Van Heurck, *Belgica*, p. 25, pl. III, fig. 39, 41. 42.

Habitat. — Ile Petermann, île du Roi Georges.

Fragilaria sublinearis var. **ambigua** n. var. — Pl. III, fig. 4. — Diffère du type par sa forme plus massive (elliptique allongée) et ses côtes plus écartées, qui, en outre, ne présentent pas de granules visibles.

Longueur 55-60 μ; largeur 9-10 μ; 7 côtes en 10 μ.

Habitat. — Iles Argentines.

D'après moi, les *Fragilaria sublinearis* et *obliqua costata* Van Heurck se rapprochent davantage des *Pseudo-Nitzschia* que des *Fragilaria* et devraient être classées dans le premier de ces deux genres.

Fragilaria Van Heurckii n. sp. — Pl. III, fig. 9. — Valve longuement et étroitement bacillaire à extrémités arrondies. Stries d'écartement irrégulier.

Longueur 84 μ; largeur 5 μ; 9 à 11 stries en 10 μ.

Habitat. — Iles Argentines.

J'assimile à cette espèce la forme dessinée dans la planche III de la *Belgica*, non numérotée et non nommée par Van Heurck (entre les nᵒˢ 49 et 50).

Cette forme diffère du *Fragilaria cylindrus* Grun., par sa plus grande longueur et ses stries moins serrés et du *Fragilaria linearis* Castracane (Chall. Exp., p. 56, pl. XIX, fig. 9) principalement par son étroitesse.

Synedra.

Synedra antarctica n. sp. — Pl. IV, fig. 1, $\frac{300}{1}$, vue valvaire, 2 et 3, extrémité, $\frac{600}{1}$. Très grand et très robuste. Valve bacillaire très allongée à extrémités arrondies parfois légèrement atténuées et capitulées, la partie centrale très légèrement dilatée. Une ligne presque parallèle aux bords, excepté aux extrémités où elle s'en écarte davantage, plus élevée que les bords, constitue une arête qui forme à l'intérieur de la valve une figure plus longuement lancéolée, à extrémités franchement atténuées, capitulées; sur cette arête on peut voir de courtes stries qui font le tour de la valve ; l'intérieur du capitule porte une ponctuation éparse, fine et serrée; la vue connective montre que le capitule est sphérique et présente une cavité sphérique.

Longueur 500 à 600 μ; largeur au milieu 15 à 16 μ, aux extrémités 10 à 11 μ; 10 stries en 10 μ.

Habitat. — Ile Petermann.

Quoique cette espèce soit très fréquente dans la récolte nᵒ 635 et que j'aie vu plusieurs fois le côté de cette forme, je n'ai jamais observé deux vues de côté assemblées ni de connectif, de sorte que je ne puis affirmer que ce soit réellement une Diatomée, d'autant plus que son aspect diffère sensiblement de celui des *Synedra* ou des *Toxarium*.

Synedra baculus Gregory, T. M. S., 1857, p. 88, pl. 1, fig. 54. — Per., Diat. mar. Franc., p. 314, pl. 80, fig. 35,36.

Habitat. — Ile Booth-Wandel.

Synedra Charcotii n. sp. — Pl. IV, fig. 4. — Valve très longuement elliptique, paraissant avoir une extrémité très légèrement plus étroite que l'autre, pseudo-raphé étroit mais visible. Stries transversales jusqu'aux extrémités qui présentent un petit area semi-circulaire, espacées et fines, formées de petits granules fins, serrés, mais bien visibles.

Longueur 130 μ; largeur médiane 11 μ ; 6 stries en 10 μ.

Habitat. — Iles Argentines.

Synedra fulgens W. Smith, Syn. Br. Diat., I, p. 74, pl. 12, fig. 103. — Per., Diat. mar. Franc., p. 311, pl. 79, fig. 5.

Habitat. — Iles Argentines.

Thalassionema.

Thalassionema gelida n. sp. — Pl. III, fig. 10. — Longuement biconique à extrémités arrondies. Les perles marginales s'évanouissent à la partie centrale de la valve sur une longueur d'environ 10 μ, elles n'arrivent pas non plus jusqu'aux extrémités dont la partie non perlée présente un bord renforcé.

Longueur 100-120 µ; 8 perles en 10 µ à la partie moyenne, un peu plus serrées vers les extrémités.

Habitat. — Iles Argentines, île Booth-Wandel, île Petermann.

Licmophora.

Licmophora antarctica n. sp. — Pl. IV, fig. 10. — Valve longuement conique, à extrémités arrondies. Pseudo-raphé peu visible ; nodule inférieur très faible. Stries robustes, finement divisées en travers, parallèles jusqu'aux extrémités de la valve.

Longueur 140-150 µ ; 7 stries en 10 µ.

Le *Licmophora Kamtschatica* Gruno w (V. Heurck, Synop., pl. 46, fig. 5) a une striation analogue, mais l'auteur n'en a donné q u'une vue connective.

Licmophora Belgicæ n. sp. — *Licmophora Reichardtii* Grunow var. ? Van Heurck, *Belgica*, p. 26, pl. III, fig. 51. — Van Heurck c onsidère cette forme comme une variété du *Licmophora Reichardtii* mais avec doute, mais dans le *Licmophora Reichardtii* la partie moyenne de la valve présente une constriction tell e que la partie supérieure de la valve est plus large que la partie inférieure ; ici, au contraire, la constriction, plus faible, est telle que la partie supérieure paraît simplement prolongée, la partie inférieure à la constriction restant la plus large, de sorte que l'aspect des deux espèces est tout à fait différent ; en outre, la striation est très différente, le *Licmophora Reichardtii* ayant 18 st ries en 10 µ. Le *Licmophora constricta* se rapprochait davantage du *Licmophora Belgicæ* par sa f orme, mais il est encore plus finement strié, ayant 20 à 21 stries en 10 µ.

Habitat. — Ile Petermann.

Licmophora Belgicæ var. **minor** n. var. — Pl. IV, fig. 5 et 6. — Diffère du type par ses plus petites dimensions et sa striation plus serrée.

Van Heurck n'a pas observé ni dessiné la face connective du *Licmophora Belgicæ*, mais la récolte nᵒ 566 où la var. *minor* est abondante m'a permis d'observer celle de cette variété. Dans la figure 6 de la planche IV, qui représente cette face connective, on peut observer que les cloisons sont très faibles, ce qui place l'espèce dans le groupe des *Subseptatæ* où elle se range naturellement entre le *Licmophora Kamtschatica* et le *Licmophora Reichardtii*.

Longueur 90-130 µ.

Habitat. — Ile Petermann, île Jenny. Port-Lockroy, îles Argentines, île du Roi Georges.

Licmophora Charcotii n. sp. — Pl. IV, fig. 9. — Valve grêle, à milieu très légèrement renflé et extrémités arrondies. Pseudo-raphé fin terminé par un petit nodule bien visible. Structure composée de lignes transversales de petits granules fins et serrés, mais bien visibles, les supérieures arquées.

Longueur 120 à 130 µ ; 6 lignes de granules en 10 µ.

Habitat. — Ile Petermann.

Licmophora gigantea n. sp. — Pl. IV, fig. 8. — Très grand. L'extrémité supérieure de la valve longuement elliptique, la partie inférieure longuement conico-arrondie. Pseudo-raphé bien apparent, terminé, à la partie inférieure, par un nodule très apparent entouré par un petit cercle. Stries indistinctement granulées, parallèles jusque près de l'extrémité supérieure où elles sont légèrement convergentes.

Longueur 220 μ ; plus grande largeur 16 μ ; 10 stries en 10 μ.

Habitat. — Ile Petermann.

Licmophora Rouchii n. sp. — Pl. IV, fig. 7. — De forme extérieure semblable à celle du *Licmophora Juergensii*, mais avec des stries granulées beaucoup plus écartées.

Longueur 110 μ ; 7 stries en 10 μ.

Habitat. — Ile Petermann.

Grammatophora.

Grammatophora antarctica n. sp. — Pl. IV, fig. 12. — Semblable au *Grammatophora arctica* Cleve (1867, p. 664, pl. 23, fig. 1) et au *Grammatophora monifera* T. et Br. (Jap., p. 38, pl. 7, fig. 9), mais diffère de ces deux espèces en ce que la deuxième cloison (celle qui est le plus près de la valve) est très courte, et par l'écartement des stries, lesquelles, comme dans le *Grammatophora monilifera*, ne débordent pas sur la face connective. Une ligne de granules accompagne chaque cloison.

Longueur 75 μ ; 12 stries ou granules en 10 μ.

Habitat. — Iles Argentines, ile Petermann.

Grammatophora arctica Cleve, 1867, p. 664, pl. 23, fig. 1. — Per., Diat. mar. Franc., p. 358, pl. 87, fig. 27.

Habitat. — Ile Petermann.

Grammatophora arcuata Ehrenberg, *in* Ber., 1853, p. 528. — Mik., pl. 35, A. XXIII, fig. 11, 12. — Ostrup., O. Gro., p. 453, pl. 6, fig. 64. — *Grammatophora curvata* Ehren., Mik., pl. 35, A. XXII, fig. 13. — Pl. III, fig. 25. — Les *Grammatophora arcuata* et *curvata* d'Ehrenberg, tous deux des régions antarctiques, ne sont que deux formes d'une même espèce ; les différences entre les deux dessins d'Ehrenberg tiennent à des différences de mise au point comme j'ai pu le constater en dessinant ma figure 25 de la planche III.

Habitat. - Ile Petermann.

Grammatophora Charcotii n. sp. — Pl. IV, fig. 11. — Semblable au *Grammatophora monilifera* J. Brun (Temp. et Brun, Japon, p. 38, pl. 7, fig. 9) ; s'en distingue par ses plus grandes dimensions et surtout par l'absence de structure sur la face connective. Face valvaire non observée.

Longueur 180 μ.

Habitat. - Ile Petermann.

Grammatophora oceanica Eh. var. **macilenta** Grunow 1862. — Per., Diat. mar. Franc., p. 355, pl. 87, fig. 14-17.

Habitat. — Ile Booth-Wandel.

Grammatophora undulata Ehrenberg, Ber., 1840, p. 161. — Mik., pl. 18, fig. 87 ; pl. 19, fig. 37. — Amer., pl. 11!, vii, fig. 33.

Habitat. — Ile du Roi Georges.

C. — ANARAPHIDÉES

DIATOMÉES CONOIDES

Anaulus.

Anaulus scalaris Ehrenberg, Ber., 1844, p. 199. — Mik., pl. 35, A, xxii, fig. 1. — Pritch., Inf., p. 859, pl. 8, fig. 37.

Habitat. — Ile Petermann.

Eucampia.

Eucampia Balaustium Castracane, Chall. Exp., p. 97, pl. 18, fig. 5. — Karsten, 1905, p. 120, pl. 11, fig. 7.

Habitat. — Ile Léonie, îles Argentines, île Petermann, île du Roi Georges.

Biddulphia.

Biddulphia anthropomorpha V. Heurck, *Belgica*, p. 39, pl. X, fig. 136, 137 (1).

Habitat. — Ile Petermann.

Je suis de l'avis de Van Heurck de considérer cette forme comme la forme minima du *Biddulphia Otto Müllerii*.

Biddulphia Belgicæ n. sp. — *Biddulphia obtusa* var.? Van. Heurck, *Belgica*, pl. X, fig. 132. — Assez grand. Valves elliptiques à centre proéminent, muni de deux épines diagonales fortes, et à appendices proéminents larges ; les valves sont couvertes de granules ou petites épines éparses sans alignements apparents.

Longueur du plus grand diamètre, environ 100 μ.

Habitat. — Iles Argentines.

Je ne puis rapporter cette forme au *Biddulphia obtusa* Grunow qui est une forme petite, et que Ralfs rapporte au *Biddulphia aurita*, et qui, d'après Van Heurck, est couverte d'une ponctuation continue et rayonnante. Le *Biddulphia obtusa* est d'ailleurs une espèce qui habite les contrées chaudes.

Biddulphia Belgicæ var. **lata** n. var. — *Biddulphia obtusa?* Van Heurck, *Belgica*, pl. X, fig. 132. — Diffère du type par sa forme largement elliptique, parfois même presque circulaire.

Habitat. — Iles Argentines, île Petermann.

---

(1) Quand j'ai remis mon mémoire, je ne connaissais pas l'étude de ces formes faite par M. Mangin dans le *Phytoplancton de l'Antarctique*, p. 23 et suivantes.

Biddulphia granulata Roper, T. M. S., 1859, p. 13, pl. 1, fig. 10, 11 ; pl. 2, fig. 12. — Per., Diat. mar. Franc., p. 382, pl. 97, fig. 6.

Habitat. — Iles Argentines.

Biddulphia litigiosa Van Heurck, *Belgica*, p. 40. — *Biddulphia punctata* var. *subaurita* Van Heurck, *Belgica*, pl. X, fig. 141.

Habitat. — Port-Lockroy, île Petermann.

Biddulphia obtusa Ralfs. — Pritch., Inf., p. 848, pl. 13, fig. 30-32. — Van Heurck, Syn., pl. 100, fig. 11-14.

Biddulphia obtusa var?

Habitat. — Ile Petermann.

Biddulphia Otto Müllerii Van Heurck, *Belgica*, p. 40, pl. X, fig. 138, 142.

Habitat. — Iles Argentines, île Petermann, île du Roi Georges.

J'assimile à cette espèce le *Biddulphia paradoxa* P. Petit, Première Expédition ant. fr., p. 3, pl. 1, fig. 7.

Biddulphia Otto Müllerii var. **rotunda** Van Heurck, *Belgica*, p. 41, pl. XI, fig. 174, 175.

Habitat. — Ile Petermann.

Biddulphia Otto Müllerii var. **cruciata** n. var. — *Biddulphia cruciata*, P. Petit, Première Exp. antarct. franç., p. 3, pl. 1, fig. 8. — Dans la récolte nº 636 de l'île Petermann, on trouve assez abondamment le *Biddulphia Otto Müllerii* var. *rotunda* qui diffère du type non seulement par sa forme extérieure plus circulaire, mais également par la plus courte longueur de ses appendices ; certains exemplaires de cette variété sont encore plus ramassés que le dessin donné par Van Heurck, sans toutefois avoir leurs appendices aussi aplatis que le dessine P. Petit. D'ailleurs ce dessin ne me paraît pas exact, car les extrémités des appendices ne devraient pas dépasser l'alignement du connectif comme l'indique le dessin.

Biddulphia punctata Greville, *in* T. M. S., 1864, p. 83, pl. 11, fig. 10.

Biddulphia punctata Grev. var. **subtriundulata** Van Heurck, *Belgica*, p. 41, pl. X, fig. 139, 140.

Habitat. — Iles Argentines, île Petermann, île du Roi Georges.

Biddulphia punctata Grev. var. **Belgicæ** n. var. — *Biddulphia punctata* var. ? Van Heurck, *Belgica*, p. 41, pl. X, fig. 134, 135.

Habitat. — Port-Lockroy.

Je crois utile de donner un nom à cette forme si particulière et non nommée par Van Heurck.

Biddulphia Van Heurckii n. sp. — *Biddulphia obtusa* var.? Van Heurck, *Belgica*, p. 40, pl. X, fig. 143 (valve supérieure). — Valve très peu ondulée, à appendices petits et peu proéminents ; granules ou petites épines, peu nombreux et épars ; pas d'épines centrales.

Longueur du grand axe, 60 µ environ.

Habitat. — Iles Argentines, île Petermann.

Je ne puis assimiler cette forme au *Biddulphia obtusa* pour les mêmes raisons que j'ai données pour le *Biddulphia Belgicæ*.

Biddulphia Van Heurckii *f^a spinosa.* — *Biddulphia obtusa* var.? Van Heurck, *Belgica*, pl. X, fig. 143 (valve inférieure). — Les marques punctiformes se transforment en petites épines sur les flancs des appendices et surtout au centre de la valve où quelques-unes sont même assez développées. Il paraît y avoir tendance au passage au *Biddulphia Otto Müllerii.*

Nous pouvons constater ici la variation d'une même espèce qui se rencontre si communément dans les espèces des régions polaires, surtout chez les espèces filamenteuses.

Biddulphia Weissflogii Janish. — Van Heurck, Syn. Diat. Belg., p. 100, fig. 1, 2. — Castracane, Chall. Exp., p. 102, pl. 26, fig. 2. — A. Schmidt, Atlas, pl. 141, fig. 12-19, 20-24. — Van Heurck, *Belgica*, pl. X, fig. 147 (valve inférieure).

Habitat. — Ile du Roi Georges.

Van Heurck donne (*Belgica*, pl. X, fig. 144, 147, 148) une série de formes très différentes les unes des autres qui, ainsi qu'il l'admet lui-même, paraissent cependant appartenir à la même espèce ; il les assimile (à tort à mon avis) au *Biddulphia striata* Karsten (Valdivia, pl. XVII, fig. 2,3). — La valve inférieure de la figure 147 est incontestablement le *Biddulphia Weissflogii* Janish, bien caractérisée par ses deux petites épines en forme de mamelons et placées près des appendices ; la valve supérieure, qui lui est adhérente par le connectif, porte au contraire deux longues épines placées plus près du centre ; la figure 144 présente deux épines encore plus longues et anguleuses placées de la même façon ; la figure 148 représente un frustule dont l'une des valves porte trois épines (une pourrait avoir été brisée à la base) et l'autre quatre ; toutes ces épines sont longues et les plus loin du centre sont anguleuses.

D'après moi, la forme de Janish serait la valve d'hiver, ou kyste, en général très robuste, et les valves épineuses, les valves des frustules provenant du développement estival d'une même espèce qu'il faut considérer comme le *Biddulphia Weissflogii* Janish.

Karsten représente son *Biddulphia striata* avec quatre épines courtes et rigides sur chaque valve ; ces valves sont plus délicates, moins profondes et plus délicates que les formes données par Van Heurck. Cette espèce me paraît donc différente du *Biddulphia Weissflogii* et je lui assimilerais plutôt le *Biddulphia translucida* Van Heurck (*Belgica*, pl. X, fig. 145, 146).

Triceratium.

Triceratium arcticum Brightwell *in* Mic. Jour., 1853, p. 250, pl. 4, fig. 11. — Per., Diat. mar. Franc., p. 379, pl. 104, fig. 1.

Triceratium arcticum var. **antarcticum** Grunow, *in* Cleve et Grun., 1880, p. 111 ; de Toni, Syll., p. 921.

Habitat. — Ile Petermann.

Je considère cette variété comme différente de la variété *Kerguelense.*

Triceratium arcticum var. **Kerguelense** Castracane, Chall. Exp., p. 107, pl. 8, fig. 5 ; pl. 13, α, fig. 7 ; β, fig. 5. — Cleve et Grunow, 1880, p. 111.

Habitat. — Ile Petermann.

Triceratium arcticum var. **Charcotii** n. var. — Semblable à la var. *Kerguelense*, mais encore plus grand et à cellules plus grosses fortement ponctuées ; angles largement arrondis et côtés légèrement concaves.

Côtés de 180 à 200 μ de longueur ; 2 cellules en 10 μ.

Habitat. — Ile Petermann, île du Roi Georges.

Triceratium arcticum var **major** n. var. — Semblable à la var. *Charcotii*, mais encore plus grand ; en diffère en ce que les cellules centrales sont plus petites que les autres, sans toutefois être disjointes comme dans la var. *Spitzbergensis.*

Longueur du côté 700 à 800 μ ; 1,5 cellule en 10 μ au milieu du rayon ; 2 à 2 1/2 vers le centre. *Habitat.* — Ile Petermann.

Ressemble au *Triceratium Sendaïense* A. Schmidt, Atlas, pl. 165, fig. 3, mais est encore plus grand et à cellules plus grandes.

Triceratium arcticum var. **Spitzbergensis** Grunow, *in* Cleve et Grunow, 1880, p. 111 ; de Toni, Syllog., p. 921.

Habitat. — Ile Petermann.

Triceratium hybridum Grunow, *in* Cleve et Grunow, 1880, p. 112 ; de Toni, Syllog., p. 922.

Triceratium hybridum var. **perforata** n. var. — Comme dans le type, les cellules centrales sont disjointes et plus petites ; elles sont libres jusqu'à environ la moitié de la distance du centre au milieu du côté ; en outre, il existe des cellules punctiformes à l'anastomose des lignes de cellules rayonnantes.

Longueur du côté 360 μ ; 1 1/2 cellule en 10 μ au milieu du rayon.

Habitat. — Ile Petermann.

DIATOMÉES DISCOIDES

ASTEROMPHALUS

Asteromphalus Hookerii Ehrenberg, *in* Ber., 1844, p. 200, fig. 3. — Mikr., pl. 35, A. xxi, fig. 2. — Cleve, Planct. S., p. 227.

Habitat. — Ile du Roi Georges.

Aulacodiscus.

Aulacodiscus Ehrenbergii Janish, Guano, p. 162, pl. 2, fig. 6. — A. Schmidt, Atlas, pl. 36, fig. 3, 4.

Habitat. — Ile Petermann.

Actinocyclus.

Actinocyclus excentricus n. sp. — Pl. VI, fig. 6. — Valve très convexe, à structure générale alvéolaire, semblable à celle du *Coscinodiscus excentricus*, mais irrégulière ; cette structure laisse au centre un petit espace, irrégulier, couvert de fins granules, et au bord de la valve une zone marginale couverte de granules fins arrangés en lignes décussées ; en dehors de cette zone se trouve un anneau hyalin. Du bord intérieur de la zone marginale décussée sort un appendice filiforme robuste ou épine qui ne dépasse pas le bord de la valve.

Diamètre 70 μ ; 6 cellules en 10 μ au centre ; 8 au bord, 9 à 10 granules en 10 μ à la zone marginale.

Habitat. — Iles Argentines.

Karsten (Valdivia, p. 92, pl. IX, fig. 3) décrit et figure une espèce analogue, mais dans laquelle l'area central granulé n'existe pas, les cellules excentriques sont représentées par des granules libres, la zone marginale n'est pas décussée, la valve ne possède pas de bord lisse comme celui qu'il représente d'ailleurs très bien dans l'espèce de la figure 2.

Actinocyclus subtilis Ralfs, *in* Pritchard, Infusoria, p. 835. - Per., Diat. mar. Franc., p. 417, pl. 114, fig. 5, 6.

Habitat. — Port-Lockroy.

Charcotia n. gen.

Les récoltes des régions antarctiques contiennent un assez grand nombre de formes discoïdes, élégantes et d'aspect très variable, mais présentant des caractères communs si on les examine avec soin et avec des moyens suffisamment puissants.

Ces formes sont caractéristiques des régions antarctiques.

Ces caractères communs sont :

1º Surface de la valve couverte de lignes plus ou moins rayonnantes de granules plus ou moins gros ; sous cette structure, très visible, on aperçoit, avec des moyens puissants, une fine striation rayonnante, visible surtout au bord de la valve ;

2º Ces lignes de granules, souvent irrégulières et plus ou moins sinueuses, vont presque jusqu'au bord de la valve dans certaines formes, ou s'arrêtent à une certaine distance du bord, laissant ainsi une zone marginale, non granulée, plus ou moins large, dans laquelle on n'aperçoit plus que la striation fine sous-jacente.

3º Quand ces lignes rayonnantes de granules sont nombreuses, on peut y distinguer un arrangement plus ou moins fasciculé que l'on retrouve plus difficilement quand ces lignes sont moins nombreuses.

On peut constater alors que la surface est divisée en compartiments par des lignes de granules allant de la partie centrale jusqu'au (ou près du) bord ; dans le prolongement de ces lignes, on peut constater la présence d'un petit apicule placé tout à fait contre le bord et qui est quelquefois entouré d'une petite marque circulaire que nous appelerons « lunule » ; enfin, quelquefois, à l'intérieur du frustule, au-dessous des apicules, qui doivent être tubulaires, on peut constater la présence de petites cupules semblables à celles que l'on observe dans l'*Actinocyclus Roperii*. Quelquefois, mais rarement, on observe un très petit « ocelle » tout à fait marginal.

Dans ces compartiments, les lignes de granules sont rangées en fascicules plus ou moins irréguliers ; ils peuvent être droits, obliques, ou rayonnants.

Ces caractères sont communs avec ceux des *Actinocyclus* et doivent placer ces formes dans ce genre ou dans un genre tout à fait voisin, la différence consistant dans l'irrégularité des lignes de granules et la présence douteuse de l'ocelle.

4º Tout à fait près du bord de la valve, on observe, allant d'un apicule à l'autre, une ligne droite, formée de points très fins, qui dans leur ensemble forment un polygone inscrit dans le cercle formé par le bord de la valve, et dont les angles sont marqués par les apicules. Ces petits points doivent être de très petits trous (ou pores) qui forment tout autour de la valve une ligne de rupture ; quand cette rupture s'effectue complètement sur tout le pourtour de la valve selon cette ligne et que le bord se détache, on obtient la forme représentée par Castracane dans la planche XXII, figure 6, des Diatomées du « Challenger » et qu'il désigne sous le nom de *Coscinodiscus polygonus*.

5° Dans le même frustule, les deux valves sont toujours plus ou moins dissemblables ; les dissemblances consistent principalement dans la différence de la densité des lignes de granules et la largeur de la zone marginale.

Les premières de ces formes observées l'ont été, consciencieusement par Castracane qui, dans le « Challenger », décrit, pages 156 et 157, et figure dans la planche 11, figures 1 et 2, les *Coscinodiscus bifrons* et *Janus*, deux formes qu'il place, dubitativement, dans le genre *Coscinodiscus* ; mais il fait observer qu'il serait préférable d'en former un genre particulier.

Comme je l'ai dit plus haut, le *Coscinodiscus polygonus* appartient également à ce genre et j'estime que l'on doit y classer également le *Coscinodiscus Apollonis* Ehrenberg, Mik., pl. XXXV, A. XXII, fig. 4.

Karsten, dans le « Valdivia » a observé plusieurs de ces formes et les plaçant, comme Castracane, dans le genre *Coscinodiscus*, leur a donné des noms particuliers d'après l'aspect de leur endochrome qui ne peut être accepté comme caractère distinctif, à cause de la variation de son aspect suivant la phase biologique de la cellule.

Van Heurck, dans la *Belgica*, malgré mes déterminations, a assimilé aux espèces de Karsten, déterminées d'après leur endochrome, des formes dont il n'avait pas pu observer lui-même l'endochrome, de sorte que la plupart de ses déterminations sont critiquables ; il place ces formes tantôt dans le genre *Coscinodiscus*, tantôt dans le genre *Actinocyclus*.

Moi-même, dans la première partie de cette étude se rapportant aux récoltes d'eau douce et n'ayant pas encore étudié la revision du classement de ces formes, je les ai toutes désignées sous le nom d'*Actinocyclus polygonus*.

a. Valves dissemblables :
Zone marginale nulle (ou presque) sur les deux valves : *C. Janus.*
Zone marginale large sur une seule valve :
Valves *très* dissemblables, pas d'apicule ni lunules : *C. bifrons.*
Valves *peu* dissemblables garnies de lunules : *C. australis.*
Zones maginales larges sur les deux valves : *C. Valdiviæ.*
b. Valves semblables sans zones marginales larges :
Granules gros et écartés (7 en 10 μ) : *C. Castracanei.*

Granules petits et serrés (8 à 10 en 10 μ) *C. chromoradiatus.*
c. Incertæ sedis (provisoirement).
Granules diminuant de grosseur de la circonférence au centre : *C. decrescens.*
Lignes de granules très nombreuses et très irrégulières : *C. irregularis.*
Lignes de granules petits, serrés et sans ordre apparent : *C. dispersus.*
Lignes très irrégulières de granules très petits et serrés : *C. micropunctatus.*
Frustules munis de cupules internes : *C. ornatus.*

Charcotia Janus n. sp. — *Coscinodiscus Janus* Castracane, Challenger, p. 157, pl. II, fig. 2. — Valves dissemblables, à stries difficilement visibles, à lignes de granules plus nombreuses sur l'une que sur l'autre valve allant jusque près du bord qui est garni de lunules.

Diamètre, 40 μ; 10 granules en 10 μ.

Habitat. — Mer glaciale antarctique (Castracane).

Charcotia Janus var. **planus** n. var. — *Coscinodiscus planus* Karsten, *Valdivia*, p. 79, pl. IV, fig. 1. — Diffère du type par l'absence des lunules marginales.

Diamètre 80 μ ; 8 à 10 granules en 10 μ.

Habitat. — 63° 16′ L. S. (Karsten). Iles Argentines, île Petermann.

Charcotia bifrons n. sp. — *Coscinodiscus bifrons* Castracane, *Challenger*, p. 156, pl. II, fig. 1. Valves très dissemblables, sans lunules, zone marginale développée sur la valve à granulation la plus dense.

Diamètre 100 μ ; 9 granules en 10 μ.

Habitat. — Mer glaciale antarctique (Castracane). Iles Argentines, île Petermann.

Charcotia australis n. sp. — *Coscinodiscus australis* Karsten, *Valdivia*, p. 79, pl. IV, fig. 2. Valves peu dissemblables munies de lunules marginales ; granules gros.

Diamètre 70 μ ; 7 à 8 granules en 10 μ.

Habitat. — 63° 32′ L. S. (Karsten). Iles Argentines, île Petermann.

Charcotia Valdiviæ n. sp. — *Coscinodiscus bifrons* Karsten, *Valdivia*, p. 79, pl. IV, fig. 3. — *Coscinodiscus bifrons* Van Heurck, *Belgica*, p. 46, pl. XI, fig. 151. — *Coscinodiscus australis* Van Heurck, *Belgica*, pl. XI, fig. 154. — Zone marginale large sur les deux valves qui sont assez dissemblables et portent de petites épines sans lunules ; granules petits et écartés.

Diamètre 60 μ ; 7 à 8 granules en 10 μ.

Habitat. — Sondages antarctiques (Van Heurck). Ile Petermann, île du Roi Georges.

Charcotia Castracanei n. sp. — *Coscinodiscus Castracanei* Karsten, *Valdivia*, p. 79, pl. IV, fig. 4. — Valves semblables visiblement striées ; granules gros et écartés.

Diamètre 100 μ ; 4 à 5 granules en 10 μ.

Habitat. — 63° 16′ L.S. (Karsten).

Charcotia chromoradiatus Karsten. — *Coscinodiscus chromoradiatus* Karsten, *Valdivia*, p. 79, pl. IV, fig. 6. — Plus robuste que le précédent, valves semblables, granules petits.

Diamètre 90 μ ; 8 granules en 10 μ.

Habitat. — 63° 16′ L. S. (Karsten).

Cette espèce ne me paraît guère qu'une variété de l'espèce précédente.

Charcotia decrescens n. sp. — Pl. V, fig. 3. — Valve à zone marginale large dans laquelle la striation est visible et au bord de laquelle la ligne polygonale est apparente ; granules en lignes rayonnantes ; ils décroissent en grosseur de la périphérie au centre ; les lignes principales de granules s'arrêtent plus loin du bord que les autres et ont leurs apicules peu visibles ; les faisceaux sont formés de lignes de granules radiantes et irrégulières.

Diamètre 75 μ ; 8 granules en 10 μ.

Habitat. — Iles Argentines, île Petermann.

Charcotia irregularis n. sp. — *Coscinodiscus chromoradiatus* Van Heurck, *Belgica*, p. 46, pl. XI, fig. 152. — Zone marginale peu développée sur laquelle on aperçoit distinctement la striation ; apicules et lunules marginales visibles ; les lignes de granules sont très irrégulières, sinueuses et brisées ; les granules sont gros et serrés.

Diamètre 90 μ ; 9 granules en 10 μ.

Habitat. — Sondages antarctiques (Van Heurck).

Charcotia irregularis var. **partita.** — *Coscinodiscus chromoradiatus* Van Heurck, *Belgica*, p. 46, pl. XI, fig. 156. — Présente les mêmes caractères que le type ; mais les lignes de granules présentent une zone submarginale où elles sont très serrées ; puis, après une petite interruption, qui forme un petit area circulaire irrégulier, elles continuent vers le centre, mais beaucoup moins nombreuses ; les granules sont petits et moins serrés.

Diamètre 80 μ ; 8 granules en 10 μ.

Habitat. — Sondages antarctiques (Van Heurck).

Charcotia dispersus n. sp. — *Coscinodiscus chromoradiatus* Van Heurck, *Belgica*, p. 46, pl. XI, fig. 153. — Zone marginale large ; granules petits et serrés en lignes radiantes serrées dans lesquelles on ne peut que très difficilement distinguer un ordre en fascicules ; épines et lunules bien visibles.

Diamètre 95 μ ; 9 granules en 10 μ.

Habitat. — Sondages antarctiques (Van Heurck). Ile Petermann.

Charcotia micropunctatus n. sp. — *Coscinodiscus chromoradiatus* Van Heurck, *Belgica* p. 46, pl. XI, fig. 155. — Très délicat ; granules petits et serrés ; lignes rayonnantes sinueuses et irrégulières ; zone marginale large avec apicules et lunules très petits.

Diamètre 100 μ ; 9 à 10 granules en 10 μ.

Habitat. — Sondages antarctiques (Van Heurck).

Charcotia ornatus n. sp. — *Actinocyclus polygonus* var. *ornata* Van Heurck, *Belgica*, p. 45, pl. XII, fig. 161. — Petite forme munie de cupules internes.

Diamètre 45 μ.

Habitat. — Glace fondue (Van Heurck).

Charcotia ornatus var. **excentrica.** — *Actinocyclus polygonus* var.? Van Heurck, *Belgica* p. 45, pl. XI, fig. 176. — Forme encore plus petite, munie de cupules internes et dont les lignes de granules convergent vers un point qui n'est pas au centre du cercle formé par le bord de la valve.

Variété ou anomalie de la forme précédente.

Diamètre 25 μ.

Habitat. — Glace fondue (Van Heurck).

Charcotia minor n. sp. — Je désigne ainsi, dans cette étude, les formes dont il est difficile, vu leur petitesse, de les classer dans les autres espèces.

Habitat. — Iles Argentines, ile Petermann.

Charcotia sp.? — *Actinocyclus polygonus* (mihi). — Dans la première partie de l'étude qui a pour sujet les récoltes d'eau douce, j'ai désigné sous le nom d'*Actinocyclus polygonus* toutes les espèces de *Charcotia* rencontrées. Le genre a donc été observé dans les localités suivantes.

Habitat. — Ile Léonie, île Petermann, Port-Lockroy.

COSCINODISCUS

Inordinati.

Coscinodiscus granulosus Grunow, *in* Cleve et Grunow, 1880, p. 113, pl. VII, fig. 130. — Van Heurck, Syn. D. B., pl. XCIV, fig. 28.

Habitat. — Port-Lockroy, île Petermann.

Excentrici.

Coscinodiscus decipiens Grunow, 1884, p. 23. — Van Heurck, Syn. D. B., pl. XCI, fig. 10.

Habitat. — Ile Petermann.

Lineati.

Coscinodiscus lineatus Ehrenberg, Abh. d. Kön. Akad., 1840, p. 86, pl. III, fig. 4. — Van Heurck, Diat., p. 32, pl. XXIII, fig. 665. — Ratt., Rev. *Coscinodiscus*, p. 24.

Habitat. — Ile Petermann, île du Roi Georges.

Fasciculati.

Coscinodiscus actinocycloïdes n. sp. — Pl. V, fig. 4. — Structure actinocycloïde, c'est-à-dire avec une zone marginale de structure différente de celle du milieu de la valve, laquelle est divisée en compartiments contenant des fascicules de lignes de granules. Centre circulaire contenant quelques granules isolés; rayons principaux compartimentant la valve, terminés par une petite épine placée à la limite de la zone marginale ; fascicules mixtes, en partie parallèles au rayon médian, en partie rayonnants ; zone marginale portant des stries rayonnantes indistinctement granulées.

Diamètre, 45-50 μ; 9 à 10 lignes de granules en 10 μ, composées de 8 à 9 granules en 10 μ; 18 à 20 stries marginales en 10 μ.

Habitat. — Iles Argentines.

Karsten (*Valdivia*, p. 86, pl. VI, fig. 4) représente, sous le nom de *Coscinodiscus filiformis*, une forme analogue, mais qui s'en distingue par l'absence d'area central, de compartimentage apparent et d'épines.

Coscinodiscus Belgicæ n. sp. — *Coscinodiscus denarius* Van Heurck (*Belgica*, pl. XII, fig. 163). — Cellules centrales inordonnées et plus petites que les voisines qui sont disposées en fascicules droits à cellules décroissantes et décussées ; zone marginale assez large, striée.

Diamètre 45 à 60 μ; 5 à 6 cellules en 10 μ, au milieu du rayon; 12 à 15 stries marginales en 10 μ.

Habitat. — Sondages antarctiques (Van Heurck). Iles Argentines, île Petermann.

Van Heurck assimile cette forme au *Coscinodiscus denarius* A. Schmidt (Atlas, pl. LVII, fig. 19-22); elle en diffère pourtant essentiellement par ses cellules centrales plus petites que les autres et par sa zone marginale bien définie et striée. Schmidt représente bien (Atlas, pl. LVII, fig. 22) une forme à bord large strié, qu'il rapporte, comme variété, au *Coscinodiscus denarius*, mais ici nous n'avons pas un bord strié, mais une vraie zone marginale striée.

Coscinodiscus Belgicæ var. **oculata** n. var. — *Coscinodiscus denarius* var. Van Heurck, *Belgica*, pl. XII, fig. 164. — Diffère du type par son centre défini, formé de cellules encore plus petites et sa zone marginale encore plus développée.

Diamètre 30 à 40 μ.

Habitat. — Sondages antarctiques (Van Heurck). Ile Petermann, iles Argentines.

Coscinodiscus Charcotii n. sp. — Pl. VI, fig. 4. — Valve très bombée à structure aréolée. Le centre est formé de quelques cellules plus grosses que les voisines qui ensuite diminuent légèrement du centre à la circonférence et sont disposées en nombreux fascicules droits, décussés ; cependant, le nombre de fascicules étant assez grand, les lignes décussées sont courtes et par conséquent peu visibles ; le bord porte un rang de petites perles.

Diamètre 64 μ ; 8 cellules en 10 μ près du centre, 10 vers le bord ; 10 à 11 per les marginales en 10 μ.

Habitat. — Iles Argentines.

Coscinodiscus Gainii n. sp. — Pl. V, fig. 5. — Valve de structure actinocycloïde. La partie centrale garnie de lignes rayonnantes de granules serrés avec une zone marginale finement striée. Les rayons principaux, mal définis, sont terminés par une épine située dans la partie couverte de granules. Les fascicules sont sans arrangement régulier, mais ont une tendance à l'arrangement du *Coscinodiscus curvatulus*. La zone marginale striée n'est pas interrompue devant les épines.

Diamètre, 55 μ ; 8 à 10 granules en 10 μ ; 18 à 20 stries marginales.

Habitat. — Iles Argentines.

Diffère du *Coscinodiscus actinocycloïdes* en ce que sa structure est moins régulière, que les épines qui terminent les rayons principaux sont placées dans la partie granulée et non dans la zone marginale qui est non interrompue.

Coscinodiscus lentiginosus Janisch, *in* A. Schmidt, Atlas, pl. LVIII, fig. 11. — Castr., Chall. Exp., p. 160, pl. V, fig. 4.

Habitat. — Ile Petermann.

Coscinodiscus Normannii Gregory, Q. J. M. S., 1859, p. 80, pl. VI, fig. 3. — A. Sch., Atl., pl. VI, fig. 9, 10. — Ratt., Rev. *Cocs.*, p. 52.

Habitat. — Ile Petermann.

Coscinodiscus pseudoradiolatus n. sp. — Pl. VI, fig. 5. — Semblable à la forme dessinée A. Schmidt, Atlas, pl. LVII, fig. 47, mais plus finement granulé et portant une zone marginale striée.

Diamètre 30 μ ; 10 lignes de granules en 10 μ; 10 granules en 10 μ sur les lignes; 20 stries marginales en 10 μ.

Habitat. — Iles Argentines.

Coscinodiscus Rothii Grunow, 1884, p. 29, pl. III, fig. 20-22. — A. Sch., Atl., pl. LVI, fig. 25-27. — Per., Diat. mar. Franc., p. 422, pl. CXV, fig. 6.

Habitat. - · Iles Argentines.

Coscinodiscus subtilis Ehrenberg, Amer., p. 412, pl. I, III, fig. 18 ; pl. III, VII, fig. 4. -- A. Sch., Atlas, pl. LVII, fig. 11, 29 ; pl. LVIII, fig. 37. — Jan., Gaz. Exp., pl. II, fig. 8 ; pl. V, fig. 5 ; pl. VI, fig. 1. -- Per., Diat. mar. Franc., p. 421, pl. CXV, fig. 4.

Habitat. - · Iles Argentines, ile Petermann.

Coscinodiscus stellaris Roper, Q. J. M. S., 1858, p. 44, pl. III, fig. 3. · - Cast., Chall. Exp., p. 155, pl. III, fig. 2. — A. Sch., Atl., pl. CLXIV, fig. 4.

Habitat. —· Port-Lockroy, îles Argentines.

Coscinodiscus symbolophorus Grunow, 1884, p. 30, pl. IV, fig. 3,6. · A. Sch., Atl., pl. CXXXVIII, fig. 1-3.

Habitat. — Ile Petermann, ile du Roi Georges.

Radiati.

Coscinodiscus antarcticus Grunow, 1884, p. 84, pl. IV, fig. 23. — Rattray, Rev. *Coscinodiscus*, p. 60.

Habitat. - · Cap Tuxen, île Léonie, ile Booth-Wandel, île Petermann, ile du Roi Georges.

Coscinodiscus Asteromphalus Ehrenberg, Ber., 1844, p. 77. — Mik., pl. XVIII, fig. 45 ; pl. XXXIII, xv, fig. 7.

Cosc. Asteromphalus var. **hybrida** Grunow, 1884, p. 27, pl. III, fig. 9. — A. Sch., Atl., pl. CXIII, fig. 22.

Habitat. — Iles Argentines.

Coscinodiscus bisinuatus Grunow, 1884, p. 25. · A. Sch., Atl., pl. LXIII, fig. 14, 15. ' — Rattray, Rev. *Coscin.*, p. 104.

Habitat. — Iles Argentines.

Coscinodiscus centralis Ehrenberg, Ber., 1838, p. 129. — Mik., pl. XVIII, fig. 39; pl. XXII, fig. 1. — Per., Diat. mar. Franc., p. 430, pl. CXVIII, fig. 1.

Habitat. — Iles Argentines.

Coscinodiscus decrescens Grunow, *in* A. Sch., Atl., pl. LXI, fig. 8-10. — Ratt., Rev. *Cosc.*, p. 77.

Coscinodiscus decrescens var. **polaris** Grunow, 1884, p. 28, pl. III, fig. 11. — Ratt., Rev. *Cosc.*, p. 77.

Habitat. — Iles Argentines.

Coscinodiscus devius A. Schmidt, Atlas. pl LX, fig. 1-4. — Van Heurck, Syn. Diat. Bel., pl. CXXX, fig. 3.
Habitat. — Ile Petermann.

Coscinodiscus pacificus Rattray, Rev. *Coscin.*, p. 115. — A. Sch., Atl., pl. LX, fig. 13.
Coscinodiscus pacificus var. **australis** n. var. — Tout à fait semblable au type, mais ses cellules sont plus petites et elles sont détachées les unes des autres en forme de granules.
Diamètre 80 μ ; 5 cellules en 10 μ au milieu du rayon.
Habitat. — Iles Argentines.

Coscinodiscus pectinatus Rattray, Rev. *Coscin.*, p. 71. De Toni, Syllog., p. 1247.
Habitat. — Port-Lockroy, île Petermann.

Concentrici.

Coscinodiscus Gerlachii Van Heurck, *Belgica*, p. 49, pl. XII, fig. 165.
Habitat. — Ile Petermann, iles Argentines.

Coscinodiscus hyperboreus Grunow, 1884, p. 33, pl. IV, fig. 26.
Habitat. — Ile du Roi Georges.

Coscinodiscus Kerguelensis Karsten, *Valdivia*, p. 83, pl. III, fig. 7.
Habitat. — Iles Argentines, île Petermann.

Coscinodiscus Oculus-Iridis Ehrenberg, Abh., 1839, p. 147. — Mik., pl. XVIII, fig. 42 ; pl. XIX, fig. 2. — A. Sch., Atl., pl. LXIII, fig. 9 ; pl. CXIII, fig. 1, 3, 5, 20. — Per., Diat. mar. Franc., p. 429, pl. CXVIII, fig. 2.
Habitat. — Iles Argentines, île Petermann.
Coscinodiscus Oculus-Iridis var. **australis** n. var. — Tout à fait semblable à la forme dessinée A. Sch., Atl., pl. LXIII, fig. 4, avec épines marginales.
Grunow l'assimile au *Coscinodiscus Oculus-Iridis*; mais Schmidt le considère comme une espèce nouvelle.
Diamètre 120 μ.
Habitat. — Iles Argentines.
Coscinodiscus Oculus-Iridis var. **excentrica** n. var. — Forme à centre excentrique analogue au *Coscinodiscus Gerlachii*, mais se rapportant au *Coscinodiscus Oculus-Iridis*.
Habitat. — Ile Petermann.
Coscinodiscus Oculus-Iridis var. **subspinosa** Grunow, 1884, p. 77. — A. Sch., Atl., pl. LXIII, fig. 4.
Habitat. — Iles Argentines.
Coscinodiscus Oculus-Iridis var. **subspinosa** f^a **subbulliens** nov. — Les cellules sont irrégulières, mélangées de cellules plus grosses que les autres.
Habitat. — Iles Argentines.

Coscinodiscus Omphalanthus Ehrenberg. — A. Sch., Atl., pl. LXIII, fig. 2.

Coscinodiscus Omphalanthus var. **minor** n. var. — Structure du type, c'est-à-dire cellules centrales grosses, les autres rayonnantes, diminuant légèrement du milieu à la circonférence ; très sensiblement semblable à la forme, non dénommée, figurée A. Sch., Atl., pl. LX, fig. 13.

Diamètre 75 μ ; 3,5 cellules en 10 μ, au milieu du rayon ; 5 en 10 μ à la circonférence.

Habitat. — Iles Argentines.

Coscinodiscus radiosus Grunow, 1884, p. 72. — Van Heurck, Syn. D. B., pl. CXXXII, fig. 7. — Janisch, Gaz. Exp., pl. V, fig. IV ; pl. VI, fig. 4.

Habitat. — Ile Petermann, île du Roi Georges.

Cyclotella.

Cyclotella striata Grunow, *in* Cleve et Grun., 1880, p. 119. — Van Heurck, Syn. D. Belg., p. 213, pl. XCII, fig. 6-10.

Cyclotella striata var. **ambigua** Grunow, *in* Van Heurck, Syn. Diat. Belg., pl. XCII, fig. 12. — A. Sch., Atl., pl. CCXXIII, fig. 20.

Habitat. — Ile Petermann.

Thalassiosira.

Thalassiosira australis n. sp. — Pl. IV, fig. 17. — De structure semblable à celle du *Thalassiosira Aurivillei* Cleve (Plank. Ind., p. 57, pl. VIII, fig. 3), formée de cellules jointives décroissant légèrement de dimension du centre à la circonférence, formant des lignes rayonnantes fasciculées. Épines intramarginales longues et plus ou moins courbées.

Diamètre 32 μ ; 16 fascicules ; 10 à 12 cellules en 10 μ ; 16 épines.

Habitat. — Ile Petermann.

Diffère du *Thalassiosira Aurivillei* par sa cellulation moins fine, son nombre de fascicules et surtout par le remplacement des tubercules marginaux par des épines assez longues.

Thalassiosira Nordenskioldii Cleve, 1873, p. 7, pl. I, fig. 1. — Van Heurck, Syn. D. B., pl. CXXXIII, fig. 9. — Grun., Fr. Jos. L., p. 57.

Habitat. — Iles Argentines.

Hyalodiscus.

Hyalodiscus Pantocseckii Van Heurck, *Belgica*, p. 34, pl. XIII, fig. 107.

Habitat. — Ile Petermann.

Hyalodscus Pantocseckii var. **lævis** n. var. — Pl. VI, fig. 1. — Diffère du type par son ombilic central plus développé et ses côtes périphériques plus courtes. Les côtes, la zone marginale ainsi que le bord sont couverts de très fines granulations.

Diamètre total 120 μ ; de l'ombilic ponctué 90 μ.

Habitat. — Ile Petermann.

Hyalodiscus radiatus Grunow, Fr. Jos. Land, p. 41. — Cleve et Gr., 1880, p. 117. —

Per., Diat. mar. Franc., p. 443, pl. CXIX, fig. 6. -- *Pyxidicula radiata* O'Meara, Kerg., p. 58, pl. I, fig. 9.

Habitat. — Ile Petermann.

Hyalodiscus radiatus var. **arctica** Grunow, Fr. Jos. Land., p. 41, pl. V, fig. 37.

Habitat. -- Iles Argentines.

Hyalodiscus zonulatus n. sp. -- Pl. VI, fig. 3. — Très grand et à ombilic central ponctué relativement petit. La partie périphérique est divisée en plusieurs zones concentriques ayant chacune leur structure particulière différente des voisines ; cette structure consiste en lignes rayonnantes, ou stries, formées de granules jointifs ; ces granules sont d'autant plus gros, et par conséquent le nombre de stries en 10 μ est d'autant plus petit, qu'ils sont plus près du centre ; il en résulte que chaque zone a une striation d'autant plus fine qu'elle s'éloigne davantage du centre. La démarcation des zones est très visible près du centre; mais elle devient plus difficilement visible près des bords ; on en distingue facilement cinq.

Diamètre de la valve 275 μ; diamètre de l'ombilic 70 μ ; 10 lignes de granules ou stries en 10 μ près de l'ombilic, 15 en 10 μ près des bords.

Habitat. -- Iles Argentines.

Podosira.

Podosira Montagnei Kützing, Bac., p. 52, pl. XXIX, fig. 85 [1,2]. -- V. H., Syn., pl. LXXXIV fig. 11, 12. -- Per., Diat. Fr., p. 444, pl. CXX, fig. 11.

Habitat. — Ile Petermann, iles Argentines.

Podosira Montagnei var. **minor** Van Heurck, Syn. D. Belg., pl. LXXXIV, fig. 9, 10. -- Per., Diat. mar. Franc., p. 444.

Habitat. — Ile Booth-Wandel, ile Petermann, iles Argentines.

Podosira Van Heurckii n. sp. — Je nomme ainsi la forme que Van Heurck n'a pas nommée et qui a été dessinée dans la planche XIII, fig. 106, de la *Belgica*. Cette figure représente certainement une valve détériorée, car les nombreuses taches blanches qu'elle présente ne se retrouvent pas dans les valves que j'ai observées, dont le fond est de couleur grise et les côtes radiantes de longueur inégale très fortement marquées.

Diamètre 100 à 150 μ.

Habitat. — Ile Petermann.

Podosira Van Heurckii var. **minor** n. var. — Pl. VI, fig. 2. -- Diffère du type par ses dimensions plus faibles et par la moins grande densité de sa striation.

Habitat. -- Ile Petermann.

Melosira.

Melosira antarctica Van Heurck, *Belgica*, p. 32, pl. VII, fig. 94. — Ne me paraît qu'une simple variété du *Melosira Sol* Eh.. sinon même cette espèce.

Habitat. -- Iles Argentines.

Melosira Bongrainii n. sp. — Pl. IV, fig. 16. — Valve complètement hyaline à l'exception d'une bande marginale finement striée de 7 µ de largeur ; ces stries peuvent se décomposer en petits points décussés, mais la direction radiante est franchement dominante ; vers le milieu de cette bande striée, se trouve un cercle irrégulier de petits granules.

Cette forme est peut-être une valve imparfaite ou terminale du *Melosira interjecta* Jan (Karsten, *Valdivia*), de même que le *Melosira de Wildemannii* Van Heurck que l'on trouve également dans la même récolte.

Diamètre 114 µ ; 18 stries marginales en 10 µ.

Habitat. — Ile Petermann.

Melosira Borrerii Greville, Br. Fl., II, p. 401. — Smith., B. D., II, p. 56, pl. L, fig. 330. — V. H., Syn., pl. LXXXV, fig. 5-8.

Habitat. — Ile Petermann.

Melosira Borrerii var. **australis** n. var. — Pl. IV, fig. 15. — Diffère du type par ses valves plus bombées, presque hémisphériques, d'une épaisseur de parois moindre et de sculpture plus fine.

Les frustules sont ordinairement en petites chaines de deux frustules réunis par un coussin gélatineux, quelquefois de trois frustules, mais, dans ce cas, l'un des frustules est ordinairement en train de se détacher ; souvent le coussin gélatineux s'allonge et forme un filament irrégulier qui, ordinairement, entraine des frustules isolés.

Diamètre 25 à 50 µ ; mégafrustule, 80 µ.

Habitat. — Ile Petermann, très commune, récolte n° 573.

Melosira Charcotii n. sp. — Pl. IV, fig. 14. — Frustules sphériques réunis deux par deux par un connectif, formant une chaine flexible, les surfaces sphériques extérieures se touchant ou réunies entre elles par un court filament. Pas de structure visible.

Diamètre 9 à 10 µ.

Habitat. — Iles Argentines, ile Petermann.

Melosira Godfroyi n. sp. — Pl. V, fig. 1. — Grand. La structure de la valve consiste, en allant des bords au centre, en une zone marginale finement striée de 2 µ de largeur, puis une zone lisse de 5 µ de largeur, ensuite une zone de 11 µ de largeur couverte de courtes côtes rayonnantes élargies en forme de poignard ; le centre, très grand, est lisse.

Diamètre 95 µ ; 18-20 stries marginales et 3 côtes en 10 µ.

Habitat. — Ile Petermann.

Cette forme pourrait être un assemblage de deux valves différentes du *Melosira Sol* adhérentes par leurs centres et dont une partie de la valve portant des côtes se serait détachée du centre circulairement. J'en reparlerai quand j'étudierai le *Melosira Sol*.

Melosira hungarica Pantocseck, Hung., III, pl. XI, fig. 179. — A. Sch., Atl. pl. CLXXIX, fig. 9-12.

Habitat. — Iles Argentines.

Cette espèce ne me paraît qu'une simple variété du *Melosira Sol*.

Melosira interjecta Janisch. - A. Sch., Atl., pl. CLXXV, fig. 1-3. — De Toni, Syll., p. 1342.
Habitat. — Cap Tuxen, îles Argentines, île Petermann.
Cette forme n'est qu'une des formes du *Melosira Sol* Ehrenberg.

Melosira Labuensis Cleve, *Vega*, p. 502, pl. XXXVI, fig. 84. — De Toni, Syll., p. 1336.
Habitat. — Îles Argentines.

Melosira nummuloides Agardh, Syst., p. 8. — W. Smith, B. D., II, p. 54, pl. XLIX,
fig. 329. — A. Sch., Atl., pl. CLXXXI, fig. 92-96.
Habitat. — Cap Tuxen.

Melosira Omma Cleve, J. A. C. 1885, p. 14, pl. XIII, fig. 15. — A. Sch., Atl., pl. CLXXIX,
fig. 23.
Habitat. — Île Petermann, Port-Lockroy.
Melosira Omma var. **polaris** n. var. — Pl. V, fig. 8. — Diffère du type en ce que ses côtes
sont plus écartées, bien définies, et de forme franchement bacillaire à extrémités arrondies.
Diamètre 68 μ ; 3,5 côtes en 10 μ.
Habitat. — Île Petermann.
Il est très probable que ces deux formes ne sont que des valves d'une variété du *Melosira Sol*.

Melosira Sol Kutzing. — *Gallionella Sol* Ehrenberg, *in* Ber., 1844, p. 202 ; *Mikrog.*,
t. XXXV, A, xxii, fig. 12. — *Gallionella Oculus* Eh., *in* Ber., 1844, p. 202. — *Melosira
Oculus* Kutzing, Spec., p. 31. — *Melosira radiata* Grunow, *Novara*, p. 27. — *Melosira Sol*
Kutzing, Spec., p. 31. — Van Heurck, Syn. D. B., pl. XCI, fig. 7. — De Toni, Syll., p. 1341.
— A. Sch., Atl., pl. CLXXIX, fig. 21. — Karsten, *Valdivia*, p. 70, pl. 1, fig. 3-9.
Le *Melosira Sol*, comme beaucoup de formes des régions antarctiques, présente une grande
variété de formes différentes, assemblées les unes aux autres, dont les valves sont de structure
tellement différente les unes des autres qu'elles ont reçu de divers auteurs des noms différents.
Le *Melosira Sol* se présente sous deux formes bien différentes : l'une, à valves jointives
représentée par Van Heurck dans son *Synopsis* et par Karsten dans *Valdivia* et que
A. Schmidt, dans son Atlas pl. CLXXIII, fig. 1-3, donne sous le nom de *Melosira interjecta*
Janisch ; l'autre, à valves ne se touchant que par la partie centrale, représentée par Van
Heurck dans *Belgica* et que je représente dans la planche V, fig. 6.
La vue valvaire, ordinairement représentée, de ces deux formes, semblable à celle donnée
par Ehrenberg dans sa *Mikrogeologie*, ne diffère guère que par l'écartement des côtes, qui a
dû servir à Schmidt pour différencier les deux formes.
Karsten (*Valdivia*, p. 70) décrit et figure une valve « terminale » à centre lisse, à bord strié
et granulé ; Van Heurck (*Belgica*, pl. VII, fig. 101) attribue au *Melosira Sol* une valve à peu
près semblable.
La figure 102 de la planche VIII du *Belgica*, qui donne le dessin d'une chaîne du *Melosira
Sol*, nous montre dans le même filament des valves bombées et évidemment côtelées et des
valves plates se touchant par le centre seulement ; ces valves forment des frustules compre-

nant, soit deux valves bombées, soit deux valves plates, soit une valve bombée et une valve plate ; il est évident que les valves bombées ne sont pas semblables aux valves plates.

La valve bombée et côtelée est représentée dans les figures 100, pl. VII, et 103, pl. VIII; la différence entre ces deux figures tient à la mise au point : la figure 100 représente la surface supérieure de la valve au sommet des côtes, et la figure 103 la base des côtes vers la circonférence.

La figure 102 de la *Belgica*, représentant un filament du *Melosira Sol*, est bien différente de la figure 5, pl. 1, du *Valdivia* ; c'est que cette deuxième figure ne représente pas un filament du *Melosira Sol*, mais un filament homogène du *Melosira interjecta*, semblable à celui représenté par A. Schmidt. Cette forme présente de même des valves différentes : les unes ont des côtes très prononcées; les autres n'en ont pas, comme on peut le constater dans le dessin de Karsten.

Je représente, pl. V, fig. 6, un filament où les deux formes sont réunies et qui, par conséquent, établit que le *Melosira Sol* et le *Melosira interjecta* ne constituent qu'une seule espèce.

La récolte n° 636 de la deuxième Expédition antarctique française contient le *Melosira Sol* en grande abondance et m'a permis de faire une étude approfondie de cette espèce.

J'ai d'abord pu constater dans les filaments de cette espèce qu'une valve bombée, présentant des côtes très évidentes, est toujours assemblée avec une valve plate ne présentant pas de côtes visibles sur la face connective.

L'examen de valves brisées m'a permis de constater que les valves de deux frustules opposés sont si solidement réunies entre elles qu'il est très rare qu'on les trouve séparées. La valve plate, en effet (pl. V, fig. 7) ne porte pas de côtes, mais, vers le milieu du rayon, un cercle d'alvéoles oblongs dans lesquels viennent s'encastrer solidement les extrémités des côtes de la valve bombée ; cette valve plate présente donc l'aspect du *Melosira Omma* Cleve, si même elle n'est pas cette espèce, car les alvéoles de cette valve plate ne présentent pas tout à fait l'aspect de ceux des figures données du *Melosira Omma*, et j'ai décrit et figuré sous le nom de *Melosira Omma* var. *polaris* une forme dont les alvéoles en diffèrent encore davantage.

L'adhérence des valves plates et bombées du *Melosira Sol* est si forte que l'on observe le plus souvent l'assemblage des deux valves; la forme de la *Belgica* figurée planche VII, fig. 94 et dénommée, par Van Heurk, *Melosira antarctica*, représente les deux valves adhérentes du *Melosira Sol* vues par l'intérieur de la valve plate et en montrant nettement les alvéoles.

Le *Melosira Godfroyi* (pl. V, fig. 1) pourrait être une grande forme du *Melosira Sol*, vue par l'intérieur de la valve bombée, dont le pourtour aurait été cassé circulairement, et dont la partie centrale serait restée adhérente à la valve plate sous-jacente.

Karsten a représenté une valve terminale du *Melosira Sol* (*interjecta*); le *Melosira Bongrainii* (pl. IV, fig. 16) pourrait être une valve terminale analogue.

Je représente, pl V, fig. 6, une chaîne en vue connective présentant les caractéristiques suivantes établissant le lien des *Melosira interjecta* et *Melosira Sol*; on peut y distinguer quatre espèces de valves :

a. Melosira Sol, valve bombée.	*c. Melosira interjecta*, valve côtelée.
b. — —, valve plate.	*d.* —, valve plate.

Car, de même que le *Melosira Sol*, possède deux espèces de valves, le *Melosira interjecta* en possède également deux sortes. Karsten l'a fort bien représenté dans sa figure 5, de même que l'on peut s'en rendre compte dans la mienne; l'une des deux valves a des côtes fortement proéminentes, et l'autre des ondulations beaucoup moins fortes aux sommets desquelles il existe peut-être une fissure pour l'insertion des côtes de l'autre valve.

Karsten n'a pas figuré cette deuxième valve, et moi, non plus, ne l'ayant pas rencontrée isolée.

Si on s'en rapporte au dessin de Schmidt (Atl., pl. CLXXVI, fig. 2), cette valve serait analogue à celle du *Melosira Sol*; mais les alvéoles seraient marginaux, et cette figure représenterait l'ensemble des deux valves adhérentes.

Ces différentes espèces de valves forment des frustules de la constitution la plus variée, formant soit des frustules homogènes (*Melosira Sol* ou *Melosira interjecta*), soit des frustules hétérogènes ayant une valve de chaque espèce. Dans mon dessin, on voit en :

e. Frustule homogène de *Melosira Sol*, deux valves plates ;

f. Frustule hétérogène, valves côtelées de *Melosira Sol* et *Melosira interjecta* ;

g. Frustule homogène de *Melosira interjecta*, une valve de chaque sorte ;

h. Frustule hétérogène, valves plates de *Melosira Sol* et *Melosira interjecta*.

Le dessin de Van Heurck nous montre des frustules homogènes de *Melosira Sol*, formés, soit de deux valves côtelées, soit d'une valve côtelée et une valve plate; le dessin de Karsten nous montre des frustules formés, soit de deux valves côtelées, soit d'une valve de chaque sorte ; c'est presque toutes les combinaisons possibles avec les quatre sortes de valves, mais quelle que soit leur constitution, les frustules sont toujours assemblés par une valve côtelée et une valve plate.

Dans quelles conditions ces combinaisons se produisent, c'est une question que je n'ai pas encore pu élucider et qui demandera encore de nouvelles recherches.

Melosira Sol Kutzing, Spec. Algarum, p. 31. — *Gallionella Sol* Ehrenberg, Mikrog., pl. XXXV, A, xxii, fig. 12. — Chaîne formée de frustules cylindriques homogènes ou de constitution très variable. Frustules à valves circulaires semblables ou dissemblables. La forme de ces valves peut être d'au moins cinq types :

a. Valve convexe portant des côtes radiantes fortes, allant en diminuant de la circonférence au milieu de la valve qu'elles n'atteignent pas ;

b. Valve plate et portant entre les bords et le centre, à peu près à mi-distance, une couronne d'alvéoles en forme de cuiller destinée à recevoir les extrémités des côtes de la valve du frustule voisin, quand elle est du type *a* ;

c. Valve plate analogue à la valve type *a*, mais dont les côtes sont, en général, plus longues et plus écartées ;

d. Valve plate de structure encore inconnue, mais qui doit être analogue au type *b*, mais les alvéoles étant marginales ;

e. Valves terminales bombées, qui n'ont d'autre structure qu'une bande marginale de stries formées de points décussés.

Ces valves s'assemblent en frustules de presque toutes les manières ; mais, dans la chaîne, une valve portant des côtes est toujours en contact avec une valve qui porte des alvéoles.

On peut distinguer les formes suivantes :

Melosira Sol forma typica. — Deux valves type *a*. — *Gallionella Sol* Ehrenberg, *in* Ber., 1844, p. 202. — Mikrog., pl. XXXV, A. xxii, fig. 12. — A. Sch., Atl., pl. CLXXIX, fig. 21.

Environ 3 côtes en 10 μ.

Habitat. — Ile Booth-Wandel, cap Tuxen, île Petermann, île du Roi Georges, Port-Lockroy.

Melosira Sol forma **Omma**. — Pl. V, fig. 7. — *Melosira Omma*, A. Sch., Atl., pl. CLXXIX, fig. 23. — Frustule formé de deux valves du type *b* (deuxième valve du *Melosira Sol*).

Environ 4 alvéoles en 10 μ.

Habitat. — Ile Petermann, île du Roi Georges.

Melosira Sol forma **interjecta**. — *Melosira interjecta* Janisch, *in* A. Sch., Atl., pl. CLXXVI, fig. 1-3. — *Melosira Sol* Karst., *Valdivia*, p. 70, pl. I, fig. 3-9. — Diffère du *Melosira Sol* par ses valves plates, ses côtes plus courtes et plus écartées. La deuxième valve n'a pu être observée avec sûreté.

2,5 à 3 côtes en 10 μ.

Habitat. — Cap Tuxen, îles Argentines, île Petermann.

Melosira Sol forma **terminalis**. — Karsten, *Valdivia*, p. 70, pl. I, fig. 7. — Van Heurck, *Belgica*, pl. VII, fig. 101(?). — La première figure se rapporte au *Melosira interjecta*; la deuxième peut-être au *Melosira Sol*.

Habitat. — Ile Petermann.

Melosira Sol var. **hungarica**. — **Melosira Sol** Van Heurck, Syn. D. B., pl. XCI, fig. 7-9. — *Melosira hungarica*, A. Sch., Atl., pl. CLXXIX, fig. 9-12. — *Melosira Sol*, A. Sch., Atl., pl. CLXXIX, fig. 21, n'est qu'une variété du *Melosira Sol* forma *interjecta* de dimensions plus petites et à côtes plus serrées.

Habitat. — Iles Argentines.

D'après Grunow, le dessin de Van Heurck serait celui du *Cyclotella radiata* Btw., espèce des côtes occidentales d'Amérique.

Melosira Sol var. **marginalis** n. v. — Pl. V, fig. 2. — Diffère du type par ses côtes plus serrées et surtout plus courtes, le quart du rayon environ.

Diamètre 100 μ ; 4 côtes en 10 μ.

Habitat. — Ile Petermann.

Melosira subhyalina. — Van Heurck, *Belgica*, p. 33, pl. VII, fig. 97. — Cette forme doit être considérée, soit comme une valve terminale, soit comme la deuxième valve du *Melosira interjecta*.

Habitat. — Ile Petermann.

Melosira Van Heurckii sp. n. — Van Heurck, *Belgica*, pl. VII, fig. 95. — Van Heurck considère cette forme comme une forme anormale du *Melosira Sol*; je crois qu'il vaut mieux, pour le moment, la considérer comme une espèce distincte, l'ayant également rencontrée dans la récolte n° 565.

Habitat. — Iles Argentines.

Melosira de Wildemannii. — Van Heurck, *Belgica*, p. 33, pl. VII, fig. 98. — Je crois que cette forme peut être considérée comme une valve terminale ou une deuxième valve du *Melosira interjecta* (?).

Habitat. — Iles Argentines.

D. — PLÉONÉMÉES

DIATOMÉES SOLÉNOIDES

RHIZOSOLENIA

Rizosolenia styliformis Brightwell, *in* Mic. Jour., 1858, p. 95, pl. V. fig. 5. — Per., Mon. Rhiz., p. 16, pl. IV, fig. 12-16. — Karsten, *Valdivia*, p. 96, pl. X, fig. 5.
Habitat. — Ile du Roi Georges.

DIATOMÉES CHÆTOCEROIDES

CORETHRON

Corethron Murrayanum Castracane, *Challenger*, p. 86, pl. XXI, fig. 4 ; pl. III, fig. 26 ; pl. IV, fig. 13. — Si l'on s'en rapporte à Karsten, *Valdivia*, p. 101, pl. XII, fig. 10 *b*, la figure 26 de la planche III représenterait le dédoublement de l'auxospore dont la valve n'a que de nombreuses petites soies, tandis que la valve fille a des piquants robustes et en bien moins grand nombre. La figure 13 de la planche IV représente la vue valvaire.
Diamètre 30-40 µ ; soies de l'auxospore, 5 en 10 µ ; piquants de la valve, 2 en 10 µ.
Habitat. — Iles Argentines.

Corethron hispidum Castracane, *Challenger*, p. 86, pl. XXI, fig. 3-5. — *Actiniscus pennatus* Grun, in V. Heurck, Syn., pl. LXXXII *bis*, fig. 11, 12.
Habitat. — Port-Lockroy.
Dans les Diatomées d'eau douce, j'ai désigné cette espèce sous le nom de *Corethron pinnatum*.

Corethron Valdiviæ Karsten, *Valdivia*, p. 101, pl. XII, fig. 1-10.
Habitat. — Iles Argentines, île Petermann.

TABLE

EXPLICATION DES PLANCHES

PLANCHE II
1 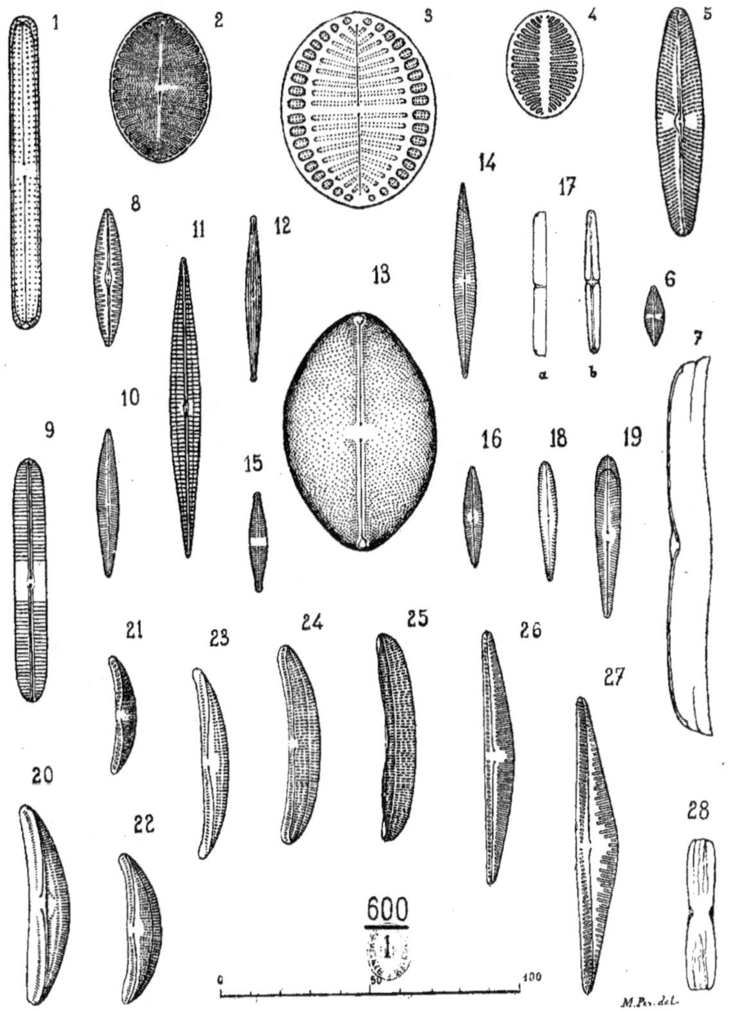
2
3
4
5
8
11
12
14
17
13
6
10
9
7
15
16
18
19
21
23
24
25
26
27
20
22
28
600
1
0
50
100
M. Per. del.

PLANCHE III

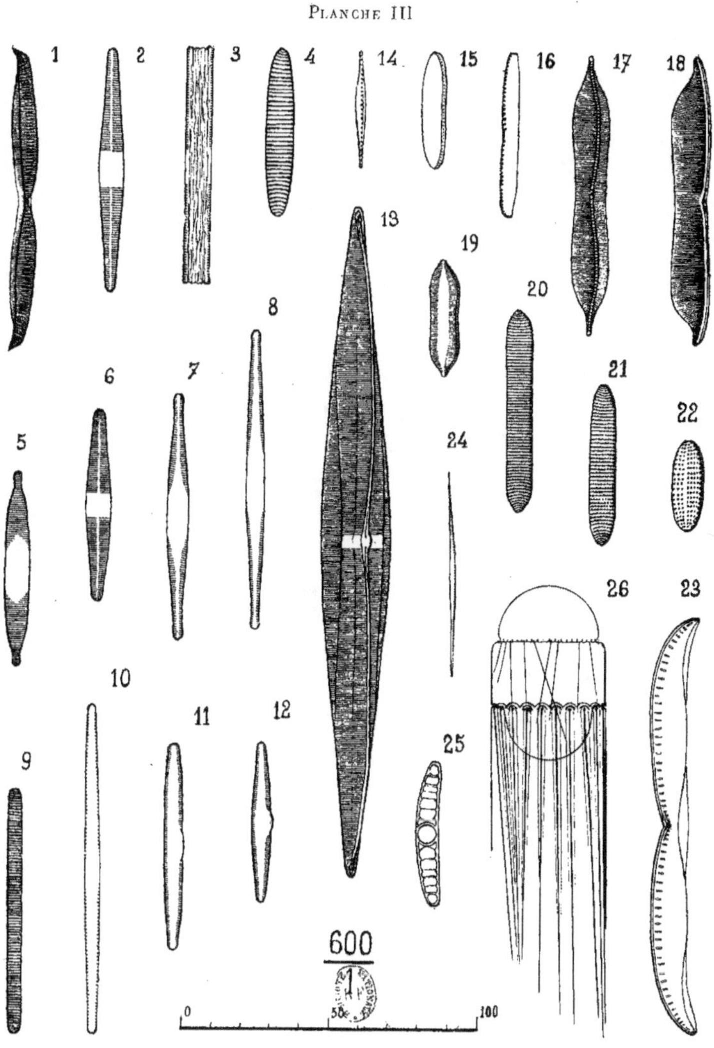
1
2
3
4
14
15
16
17
18
13
19
8
20
6
7
21
5
22
24
10
26
23
9
11
12
25
600

PLANCHE IV

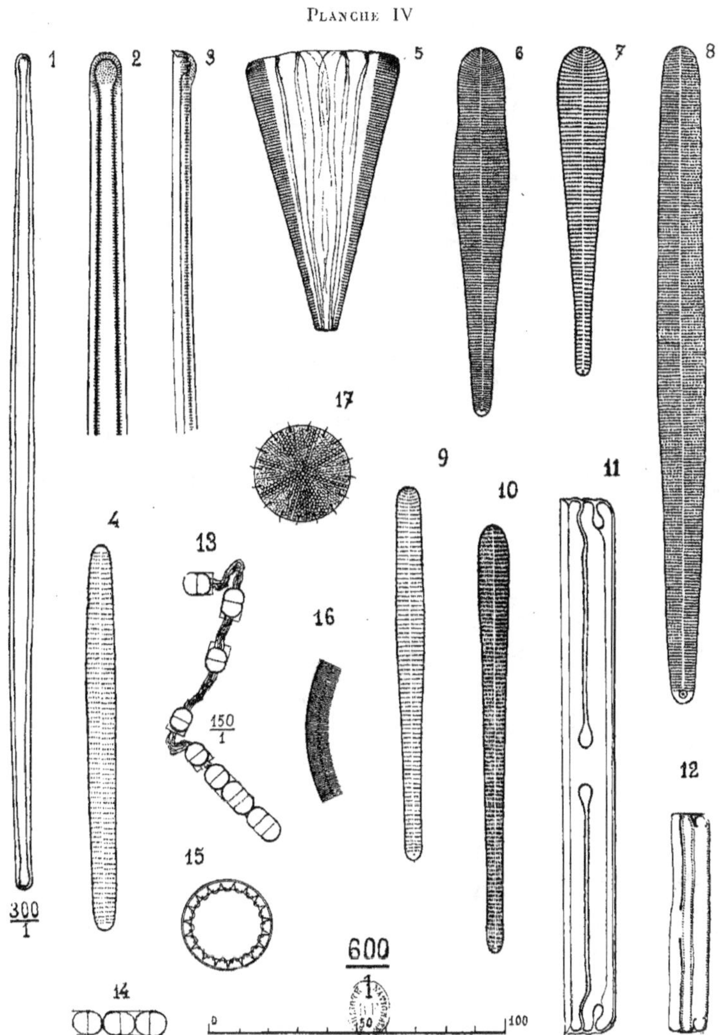

1
2
3
5
6
7
8
17
9
11
10
4
13
16
150
1
12
15
300
1
600
1
14
0
50
100

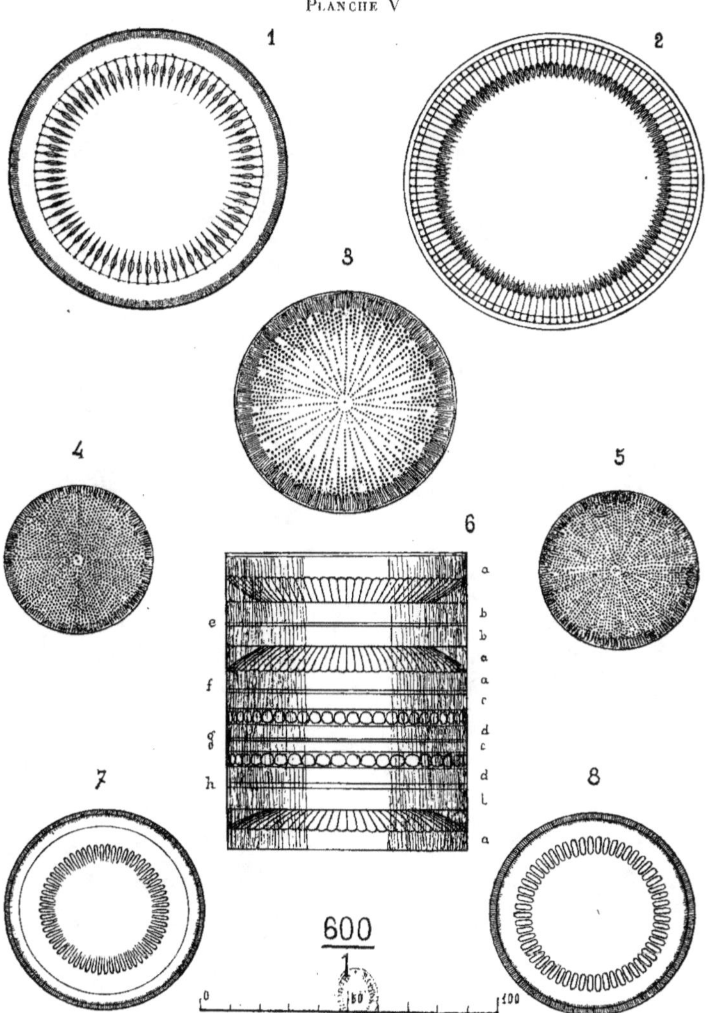
1
2
3
4
5
6
7
8
e
f
g
h
a
b
b
a
a
c
d
c
d
l
a
600
1
0
50
100

PLANCHE VI.

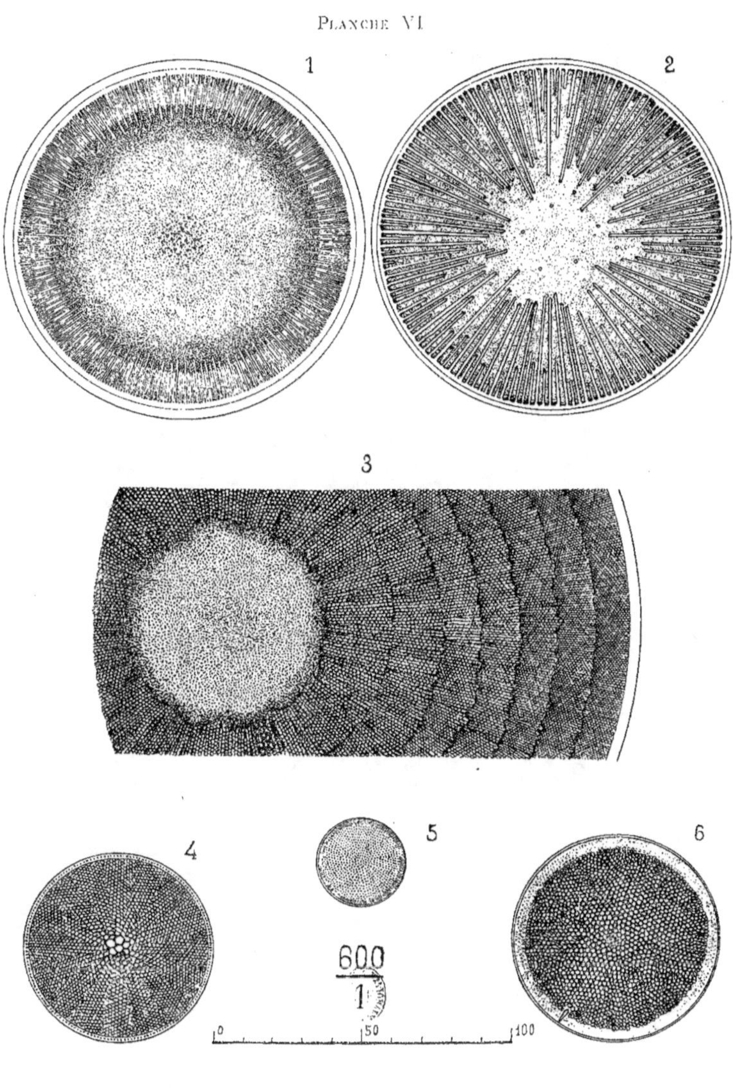

600
1

CORBEIL — IMPRIMERIE CRÉTÉ